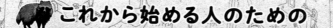

これから始める人のための

わな猟の教科書

の教科書

チカト商会
著者：東雲輝之　監修：日和佐憲厳

オーエスピー商会

［第2版］

秀和システム

わな猟をはじめよう！

うわぁー！
また田んぼが
荒らされてる！！

ゴロ…

勇樹よう、お前狩猟の
免許持ってるんなら、
田んぼを荒らす害獣を
追い払ってくれないか？

HA HA HA HA

俺が持っているのは
銃猟の免許だ。

民家が多い場所じゃ
銃は使えないよ。

農家
桐生勇樹（30）

銃を持つなんて
絶対ダメ！！

百歩譲って狩猟は
よいとしても、
家に銃を置くのは
ゆるしません！

NO!

でも最近は狩猟をする
女性も増えてるって
言うし…

NECO

美術大生2年
阿佐ヶ谷あい（20）

NEXT PAGE

わな猟番付

わな猟で登場する動物達の番付表を発表します！
が、この番付は秀和システム第5編集局の主観に基づいた参考用でしかありません。
お遊び程度にご笑覧ください。

当世罠猟獲物番付

為御覧　当世罠猟獲物番付
理事長　羆　行司　月輪熊

番付	名	所属	出身地
横綱	猪	偶蹄目 イノシシ科	日本
大関	日本鹿	偶蹄目 シカ科	日本
関脇	穴熊	食肉目 イタチ科	不明
小結	白鼻芯	食肉目 ジャコウネコ科	日本
小結	野兎	ウサギ目 ウサギ科	日本
前頭	狸	食肉目 イヌ科	日本
前頭	狐	食肉目 イヌ科	日本
前頭	洗熊	食肉目 アライグマ科	北アメリカ
前頭十両	ヌートリア	齧歯目 ヌートリア科	南アメリカ
前頭十両	貂	食肉目 イタチ科	日本
前頭十両	鼬	食肉目 イタチ科	日本
前頭十両	栗鼠	齧歯目 リス科	日本
前頭十両	鼠	齧歯目 ネズミ科	台湾

横綱　イノシシ

獲れたら金星です。

スピード、パワー、鋭い牙、知能、獰猛さをすべて持ち合わせたわな猟界の横綱です。食味は最高レベルですが獰猛さも最高レベルで、鋭い牙で太ももの動脈を突かれると生命に危険が及びます。しかもそこを狙ってきます。槍と盾で武装したとしても初心者が一人で対処するのは無謀です。

大関　ニホンジカ

大物です。デカイです。

比較的容易に捕獲できるし、食味も良いというわな猟界の大関です。ただし角による反撃には大変な威力があります。これが刺されば生命に危険が及びます。また大物特有のパワーがありますので組み伏せるのは一苦労。初心者が一人で対処するのは相当困難です。

関脇　アナグマ

古来よりタヌキはなにかと表舞台に出てきますが、アナグマはマイナーな存在ですね。でもこちらのほうがわな猟のターゲットとしては数段上になります。比較的容易に捕獲できるし、食味も大変良いのです。が、狙って取ることは困難です。タヌキと生息域がカブるのでアナグマだとおもったらタヌキだったということもしばしば。なおそっくりではありますが全く違う種です。タヌキはイヌ科ですがアナグマはイタチ科。あまり凶暴ではありませんがイタチ科特有の攻撃力はありますので、油断大敵です。素手で対処できる相手ではありません。

小結　ハクビシン

猟場にはもちろん、住宅地の電線の上や屋根裏に現れては消える神出鬼没のハクビシン。どこの出身なのかも今ひとつはっきりしないハクビシンですが、比較的容易に捕獲できる上、意外と食味も良いというターゲットです。あまり凶暴ではないので初心者でもなんとかなります。とは言っても素手で対処すればキッチリ反撃が来ますのでご用心。

ノウサギ

みなさんご存知のウサギです。フランス料理でもよく出てくるように誰にとっても食べやすい味です。捕獲自体は難しくないのですが、基本的に草原地帯を好みます。なので草原の少ない日本ではあんまり獲れません。素手で対処しても大怪我をさせられることは少ない動物ですが、野兎病という怖い病原体を持っていることがあるので、素手厳禁。

前頭　タヌキ　キツネ　アライグマ

このあたりになってくると、食味が多少困難を伴ってきます。どれもそのまま食べると相当な臭いがするので、これをなんとかするための工夫が必要になります。なので害獣駆除でもない限り積極的に捕獲したがる人は少ないかもしれません。タヌキは捕獲も容易でそれほど凶暴でもありませんが、キツネは攻撃力が高いので油断なりません。アライグマは各所で甚大な被害を出すお尋ね者(特定外来種)で比較的容易に捕獲でき、食味はタヌキやキツネよりは良いですがいまひとつ。

十両　ヌートリア　テン　イタチ　シマリス　タイワンリス

個性派揃いです。ジビエ料理的には食味もさることながら、身が少ないのが難点です。駆除目的や毛皮目的なら積極的に捕獲することもあるのでしょう。イタチ科は獰猛なので取扱い注意ですし、臭腺から強烈な臭いを出すので難敵です。ヌートリアは多少身が多くなりますが、臭いが強いので工夫しないと食べるのは困難です。

CONTENTS

Chapter 1
法律・知識編 ～Knowledges～　11

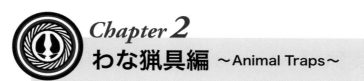

Chapter 2

わな猟具編 ～Animal Traps～ 53

Chapter 3
実猟編 ～Trapping～

Chapter 4
猟果を楽しむ ～Products～ 315

ジビエを料理する

毛皮なめし

スカルトロフィー

Chapter

1

法律・知識編
Knowledges

わな猟免許試験に挑戦しよう！

狩猟免許

初心者講習会

講習会場はこちら →

講習会場（3階306教室）

あれ！宗朋さん、権堂さん。こんな所で何やってるんですか？

受付

狩猟免許試験の予備講習は猟友会が主催しているからね。今回はそのお手伝いさ。

なんだよ勇樹、わな猟もやんのか？

先輩ハンター
宗朋英治さん(58)

先輩ハンター
権堂三郎さん(61)

それにしてもすごい参加者多いですね。

ズラッ

ここ数年はいつも定員いっぱいだよ。それだけ狩猟の注目度が高くなっているってことだね。

2. 適性試験

3. 実技試験
・わな判別
・わな架設
・鳥獣判別

わな免許試験の流れはこの紙に書いてあるから読んでおいてね。

筆記試験

狩猟に関する法律や、猟具に関する質問が出される。合計30問の3択式で21問以上で合格。

適性試験

視力検査、聴力検査、運動能力検査が行われる。視力聴力はメガネや補聴器を使用してもOK。

実技試験

提示された"わな"が、違法か、適法かを判別して回答する。

適法なわなを実際に架設するテスト。

提示される動物の絵や写真を見て、狩猟鳥獣か否かを回答する。

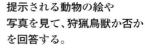

実技試験はけっこう難しそうですね。

試験に出るわなは都道府県によっても違いがあるみたいだから、予備講習は受けておかないとね。

ガシャーン！

試験時間はたっぷりあるから、そんなに焦らなくていいよ。

あいつ、本屋で会った女の子じゃないか？

俺の顔みて逃げてった

NEXT PAGE

狩猟の基礎知識

狩猟は他のアウトドアとは違い、数々の法律や複雑な決まりごとが定められています。そこで狩猟をはじめるための前知識として、まずは制度について学びましょう。

わな猟の世界へようこそ！

野生鳥獣を捕獲する『狩猟』には様々な方法が存在しますが、中でも近年注目が高まっているのが、わな猟です。獲物の痕跡を探し、わなをしかけ、自分の手で止めを刺すわな猟は、他のアウトドアでは味わうことができない面白さと、命をいただくことの難しさを実感できます。

銃猟よりも手軽に始められるのが魅力

「狩猟（ハンティング）」という言葉を聞いた人の中には、銃を持って獲物を追いかけるような狩猟スタイルを想像される方が多いと思います。確かに、銃を使った狩猟は狩猟の代名詞ともいえる猟法であり、日本でも人気が高い狩猟方法です。しかし、日本で合法的に銃を持つというのはかなりハードルが高く、管理の手間やランニングコストもかかります。

そこで近年人気が高まっているのが、わな猟です。わな猟で使う猟具は、

ワイヤーやバネ、塩ビパイプといった身近な材料で作ることができるため、銃を持つようなコスト・管理の手間がかかりません。そのためわな猟は、銃猟に比べてはるかに安く・手軽に狩猟をはじめることができます。

野生動物の食害に対抗する

わな猟は趣味のハンティングだけでなく、野生獣による農林業等の被害を防止する手段としても、高い効果を発揮します。もちろん獣害の防止は銃による狩猟でも効果はありますが、獣が出没するのは住宅地や農地が近くなるため、銃を使用することは安全上のリスクが高くなります。また、被害をもたらす獣たちは群れで移動することも多いため、銃だけでは個体数を減らすのが難しいという問題もあります。

対してわな猟の場合、銃に比べて安全上のリスクが低いため、住宅地などが近くても設置することができます。また、獲物が出没するエリアに広く仕掛けておくことができるため、害獣化した個体をピンポイントで捕獲することが可能です。わなの中には獲物を数頭〜数十頭を捕獲できる大型の物もあるので、効率的に群れごと捕獲することもできます。

手軽に始められるが簡単ではない

さて、ここまではわな猟の"良い面"についてお話してきましたが、わな猟は決して『銃猟よりも簡単』というわけではありません。例えば、銃猟の『忍び猟』や『流し猟』と呼ばれる猟法は、徒歩や車で移動しながら獲物を探し、見つけ次第発砲して捕獲するという単純な狩猟スタイル（もちろんそれ相応の難しさはありますが）です。しかしわな猟の場合は、猟場に残された足跡や糞といった痕跡を探し、獲物がどのような動きをするのかを想像してわなを設置する必要があります。銃猟とは異なり"姿の見えない"ターゲットを捕獲するというのは想像以上に難しいことです。

このように、繊細なわなを作り出す創意工夫と、見えない獲物を捕獲する観察力と想像力が必要となるわな猟は、簡単ではありませんが非常に奥深い世界です。そこで本書では、そのようなわな猟の世界を一つずつ詳しく説明していきます。

狩猟に関する法令

　わな猟の解説に入る前に、まずは日本における狩猟には、どのような"決まりごと"（狩猟制度）があるのか、詳しく見て行きましょう。

狩猟の決まりごと

　日本の狩猟制度は時代によって大きく変化をしてきましたが、現在の日本では『鳥獣の保護及び管理並びに狩猟の適正化に関する法律（鳥獣保護管理法）』という法律で定められています。この鳥獣保護管理法の中で狩猟は、主に次のように決められています。それぞれの項目については、後ほど詳しく解説をします。

1. 狩猟で捕獲してもよい野生鳥獣の種類（狩猟鳥獣）
2. 狩猟を行える時期（猟期）
3. 狩猟が制限されている場所（鳥獣保護区や休猟区など）
4. 禁止される猟法（禁止猟法・危険猟法）
5. 使用するのに免許が必要な猟法（法定猟法）
6. 法定猟法を行うための制度（狩猟者登録）

細かな規則は都道府県によって異なる場合がある

　日本では鳥獣保護管理法の決まりを守れば、誰でも自由に狩猟を楽しむことができます。しかし1つ注意しておかなければならないのが、狩猟制度は『都道府県によって細かい内容が異なる』という点です。

　例えば、ニホンジカ（狩猟鳥獣）を狩猟して良い時期（猟期）は11月15日から翌年の2月15日までと全国的に定められていますが、野生鳥獣の生息数・生息密度は全国どこでも同じというわけではありません。そこで日本では、鳥獣保護管理法に定められた決まりを基準として、都道府県によって細かな調整が行われます。先の例で言うと、ニホンジカの生息数が多い都道府県では『猟期の延長』が行われる一方、生息数が少ない都道府県では『猟期の短縮』や『捕獲頭数の制限』、または『禁猟』という調整が行われます。

獣害防止が目的なら狩猟制度ではなく『捕獲許可制度』

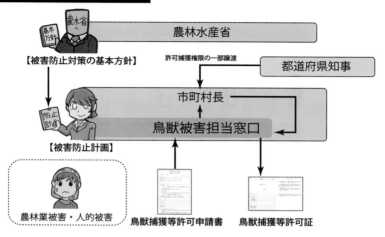

鳥獣被害防止特措法の流れ

農林水産省

【被害防止対策の基本方針】　許可捕獲権限の一部譲渡　都道府県知事

市町村長
鳥獣被害担当窓口

【被害防止計画】

農林業被害・人的被害　鳥獣捕獲等許可申請書　鳥獣捕獲等許可証

　狩猟制度では、狩猟鳥獣や猟期といった決まりごとがあるため、例えば「畑を荒らすドバト（非狩猟鳥）を駆除したい」や「夏場（非猟期）に現れるイノシシを駆除したい」といった場合は、狩猟制度で捕獲することはできません。そこで、このような場合は狩猟制度ではなく、捕獲許可制度に従う必要があります。

　捕獲許可制度は農林業従事者などが都道府県知事（または環境大臣）に対して捕獲の許可を求める制度で、その許可が下りれば狩猟鳥獣や猟期といった決まりに関係なく、特定の野生鳥獣を捕獲することができます。また近年では、農林業被害が急増しているイノシシやシカといった特定の野生鳥獣に関しては、市町村単位で捕獲許可を出せる仕組みが作られています（鳥獣被害防止特措法）。

　よって、この本を読んでいるあなたが「鳥獣被害を防止したい（有害鳥獣駆除）」を目的としてわな猟に興味を持っているのだとしたら、まずはお住まいの市町村役場の鳥獣被害担当の窓口に相談し、どのような要件で捕獲許可を受けられるか確認しておきましょう。

狩猟鳥獣

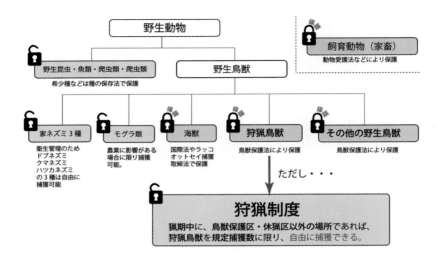

　日本国内には約700種以上の野生鳥獣が生息しているといわれていますが、このすべてを狩猟で捕獲できるわけではありません。鳥獣保護管理法では、ほぼすべての野生鳥獣が"保護"されており、たとえ公園に群れるハト1羽であっても、傷つけたり、捕まえたりすると違法になってしまいます。

保護が解除される『狩猟鳥獣』

　先述した通り、日本では野生鳥獣が保護されていますが、野生鳥獣が増えすぎると農地や住宅地に出没して被害を出したり、生態系のバランスが崩れるなどの問題が起こります。そこで鳥獣保護管理法では、野生鳥獣の中で一時的に保護が"解除"される種類が定められており、これらを狩猟鳥獣といいます。

　なお、「家ネズミ」と呼ばれるドブネズミ、クマネズミ、ハツカネズミに関しては、衛生の観点から保護対象とされていないため、自由に捕獲することができます。また、モグラについては事業活動としての農林業被害を防止する目的に限り、自由に捕獲することができます。家庭菜園などではモグラの捕獲は認められないので、注意してください。

狩猟鳥獣の指定は5年ごとに変更される可能性がある

　狩猟鳥獣は環境大臣が5年ごとに指定するようになっています。よって、年度によって特定の種類が狩猟鳥獣から外されたり、追加されたりすることがあるので注意しましょう。

　例えば、令和4年度の時点では獣類20種、鳥類26種（ヒナ・卵を除く）の計46種が狩猟鳥獣に指定されていますが、令和3年度まではゴイサギ、バンという鳥が狩猟鳥獣に含まれていました。このような狩猟鳥獣から外された種類は狩猟制度で捕獲することはできません。さらに、狩猟鳥獣と見分けがつかないような非狩猟鳥獣が生息している地域、例えば狩猟鳥獣のシマリスと姿がそっくりなエゾシマリスが生息している北海道では、錯誤捕獲を防ぐためにシマリスは狩猟鳥獣から外されています。

　逆に、ニホンジカのメスやハクビシン、アライグマ、ミンクといった種類は、平成6年から狩猟鳥獣に指定されたことで、狩猟で捕獲できるようになりました。また、特定の地域において生息数が極端に増加している野生鳥獣、例えば奄美大島（奄美市、大和村、宇検村、瀬戸内町及び龍郷町の区域）の『ノヤギ』のような種類については、その地域限定で狩猟鳥獣に追加される場合もあります。

わなで鳥類・クマを捕獲することはできない

　後ほど「禁止猟法」の話で詳しく解説をしますが、わなを使って鳥類を捕獲することはできません。そのためカラスやヒヨドリ（共に狩猟鳥）の被害で困っている場合は、銃によって駆除・駆逐を行う必要があります。

　また、クマ（ツキノワグマ・ヒグマ）に関しても、わなで捕獲することは禁止されています。クマを含め、非狩猟獣のカモシカ、キョン、ニホンザルなどによる農林業被害を防止する目的でわなを設置する場合は、先に述べた捕獲許可制度を利用しましょう。

　なお、捕獲許可制度は狩猟制度とは別の制度ですが、捕獲許可制度で野生鳥獣を捕獲する場合も原則として狩猟免許が必要になります。自分自身でわなを設置するのが嫌だという人は、市町村の鳥獣被害対策実施隊に依頼するという手もあります。

狩猟鳥獣46種一覧

　令和4年度時点での狩猟鳥獣は以下の表の通りです。都道府県によって
は規制が異なる場合があるので注意しましょう。

分類		動物名	R4年度時点での主な捕獲規制
獣類	大型獣	ヒグマ	北海道に生息
		ツキノワグマ	多くの地域で捕獲禁止規制あり
		イノシシ	ブタとの混血種イノブタを含む
		ニホンジカ	一部の地域・猟法で捕獲禁止規制
	中型獣	タヌキ	
		キツネ	一部の地域・期間で捕獲禁止規制あり
		テン	対馬に生息する亜種ツシマテンを除く
		イタチ	メスを除く
		シベリアイタチ	旧名チョウセンイタチ。長崎対馬市では捕獲禁止
		ミンク	
		アナグマ	一部地域・期間で捕獲禁止規制あり
		アライグマ	
		ハクビシン	
		ヌートリア	
		ユキウサギ	
		ノウサギ	
		ノイヌ	山野で自活するイヌ。野良イヌとは異なる
		ノネコ	山野で自活するネコ。野良ネコとは異なる
	小型獣	タイワンリス	特定外来生物
		シマリス	北海道に生息する亜種エゾシマリスを除く
鳥類	水鳥類	マガモ	一日の捕獲上限カモ類の合計5羽まで
		カルガモ	一日の捕獲上限カモ類の合計5羽まで
		コガモ	一日の捕獲上限カモ類の合計5羽まで
		ヨシガモ	一日の捕獲上限カモ類の合計5羽まで
		ヒドリガモ	一日の捕獲上限カモ類の合計5羽まで

		オナガガモ	一日の捕獲上限カモ類の合計5羽まで
		ハシビロガモ	一日の捕獲上限カモ類の合計5羽まで
		ホシハジロ	一日の捕獲上限カモ類の合計5羽まで
		キンクロハジロ	一日の捕獲上限カモ類の合計5羽まで
		スズガモ	一日の捕獲上限カモ類の合計5羽まで
		クロガモ	一日の捕獲上限カモ類の合計5羽まで。 一部地域で捕獲禁止規制
		ヤマシギ	一日の捕獲上限タシギとの合計5羽まで, 奄美地域で捕獲禁止規制
		タシギ	一日の捕獲上限ヤマシギとの合計5羽まで
		カワウ	
		ヤマドリ	放鳥獣猟区以外ではメスを除く。 一部の地域で捕獲禁止期間あり。 一日の捕獲上限キジとの合計2羽まで
		キジ	放鳥獣猟区以外ではメスを除く。 一部の地域で捕獲禁止期間あり。 一日の捕獲上限ヤマドリと合計2羽まで
	陸鳥類	コジュケイ	一日の捕獲上限5羽まで
		キジバト	一日の捕獲上限10羽まで
		ヒヨドリ	一部の地域で捕獲禁止規制あり
		ニュウナイスズメ	
		スズメ	
		ムクドリ	
		ミヤマガラス	
		ハシボソガラス	
		ハシブトガラス	
		エゾライチョウ	北海道に生息。一日の捕獲上限2羽まで

猟期

種別		4月	5月	6月	7月	8月	9月	10月	11月	12月	1月	2月	3月
登録の有効期限	北海道	15						15	7ヵ月				
	北海道以外	15							15	6ヵ月			
猟期	北海道・一般							1	4ヵ月		31		
	北海道・猟区	15						15	7ヵ月				
	北海道以外・一般								15	3ヵ月		15	
	北海道以外・猟区								15	5ヵ月			15

　狩猟鳥獣は猟期と呼ばれる一定の期間において捕獲することができます。猟期は都道府県の条例などで若干違い、また捕獲調整猟区や放鳥獣猟区といった特別な区域によっても変わってくることがあるので注意しましょう。

猟期は鳥獣の肉が美味しく毛皮が綺麗な時期

　猟期は、農閑期で野山から人が少なくなり、また木々が枯れて見通しがよくなるといった理由や、野生鳥獣の肉に脂が乗って美味しくなるといった理由などから、冬場に設定されています。

　令和4年時点の猟期は、北海道では10月1日から翌年の1月31日の4か月間。その他の地域では11月15日から翌年の2月15日の3カ月間とされています。狩猟制度には『猟区』と呼ばれる特別な区域での猟期が別に定められていますが、令和4年時点における猟区は、北海道の一部地域を除いてほとんどが廃止されているため、基本的には気にする必要はありません。また、東北3県のカモ猟は11月1日から1月31日までとされていましたが、令和4年度から変更されています。

イノシシ・シカの猟期は延長されている場合が多い

　猟期は原則として先に述べた通りですが、近年ではイノシシ・シカの増加による被害が急増しているため、各都道府県でイノシシ・シカの猟期が

延長されているところがかなり多くなっています。

　例えば令和4年の茨城県では、イノシシ・シカの猟期が3月31日まで、福岡県では4月15日までといった形で延長されています。また他都道府県についても、「イノシシ・シカのわな猟のみ」に限って猟期が延長されていることがあります。このような情報は都道府県のホームページや、狩猟者登録時に配布される冊子などに記載されているので、猟期前に必ず確認しておきましょう。

銃猟の場合は時刻も決められている

　猟銃・空気銃を使用して狩猟をする場合は、誤射防止の理由から日没後から日の出までの時間帯で禁止されています。この「日没」、「日の出」の基準は気象庁が定める暦で決まっており、都道府県によって違います。なお、わな、網を使った狩猟の場合は、時刻的な制限はありません。

捕獲許可は猟期と関係ないので注意

　わな猟を行っていると、しばしば別のハンターが猟期を過ぎてもわなを仕掛けている姿を見ることがあります。しかし、その人は狩猟ではなく『捕獲許可でわなをしかけている人』である可能性が高いので注意してください。

　捕獲許可は先に述べた通り狩猟制度とは別の制度なので、自治体によっては猟期と捕獲許可の有効期限が重複していることもあります。よって、他の人が猟期を過ぎてもわなを仕掛けている姿を見て、捕獲許可を受けていないあなたがわなをかけ続けていると、あなただけ鳥獣保護法違反として摘発される可能性があります。

　狩猟制度による"狩猟"と、捕獲許可制度による"有害鳥獣駆除"は、同じように見えてまったく異なる制度なので、あらかじめ十分理解しておいてください。

鳥獣保護区

平成29年度　東京都鳥獣保護区等位置図より抜粋

制限区域を示す表記の凡例

鳥獣保護区

特別保護区
※ 景観維持や希少生物の保護を目的として
人工物の設置や、植物の採取・伐採などを
禁止する区域。鳥獣保護区内に設けられる。

休猟区

特定猟具使用禁止区域

指定猟法禁止区域
※ 多くの場合、鉛弾の使用を禁止する区域

　日本の狩猟制度では、猟期中であれば、原則どこでも狩猟鳥獣を捕獲することができます。しかし実際は、野生鳥獣の保護や狩猟による事故を予防するなどの目的で、様々な"狩猟ができない場所"が設定されています。

野生動物の保護を目的として狩猟が禁止されているエリア

　野生鳥獣や希少動物の健全な繁殖や生態維持を目的として、狩猟が禁止されているエリアを鳥獣保護区といいます。鳥獣保護区は国が指定する地域と都道府県が指定する地域があり、国指定鳥獣保護区は令和3年

度の時点で、野生動物の大規模生息地（10か所）、渡り鳥の集団飛来地（36か所）、野鳥の集団繁殖地（19か所）、希少鳥獣の生息地（21か所）が指定されています。

狩猟鳥獣の回復を目的として狩猟を休止しているエリア

　狩猟鳥獣の減少が確認された区域においては、都道府県知事が3年以内の期限で、狩猟行為を禁止する休猟区が設定されます。ただし休猟区周辺の農林業被害を防止するために、イノシシ、ニホンジカに限っては規制が解除されている場合があります。

特定猟具の使用を禁止・規制しているエリア

　特定猟具使用禁止（制限）区域は、狩猟行為自体は禁止されていませんが、鳥獣保護や危険防止の目的で銃やわなtなどの特定の猟具の使用を禁止したエリアです。

特定猟具使用禁止区域
（　銃　）
東　京　都
CERTAIN HUNTING EQUIPMENT
PROHIBITED AREA
(GUN)
TOKYO METROPOLIS

　特に散弾銃やライフル銃、空気銃を禁止した区域は銃禁エリアと呼ばれています。この他、水鳥の鉛被害を防止する目的で、鉛製弾丸の使用を禁止したエリアなどがあります。

ハンターマップで鳥獣保護区等を確認する

　これまで説明したような狩猟が禁止・制限されている地域は、都道府県から情報が提供されます。これらの情報は都道府県のホームページでも確認できますが、狩猟者登録時に提供される鳥獣保護区等位置図（通称「ハンターマップ」）でも確認できます。それぞれの区域は地図上に色分けされているので、出猟前に必ず目を通すようにしておきましょう。

　なお、狩猟ができる区域であっても、鳥獣保護区や休猟区から獲物を追いだして仕留めるような行為は禁止されています。また、保護区等へ逃げた狩猟鳥獣を捕獲することも禁止されています。

1
法律・知識編

狩猟で危険が及ぶ場所や公共の場所での狩猟禁止

禁止されている場所	主な理由
公道（農道や林道も含む）	人や車が往来を妨げるため。
社寺境内・墓地	神聖さや尊厳を保持するため。
区域が明示された都市公園	人が多く集まる所で事故を防止するため。
自然公園の特別保護地区、原生自然環境保全地域	生態系保護を図るため。

　ハンターマップ上に記載はありませんが、公道や公園、神社仏閣、墓地といった場所での狩猟は禁止されています。このような場所にわなを設置することは違法となるので注意してください。

　また、わなにかかった獲物がこのような場所に"はみ出す"のも違法になります。特に「くくりわな」と呼ばれるわなは、ワイヤーの長さによっては獲物が道路に飛び出してしまうことがあるので注意が必要です。

国有林に入るときは入林許可を受ける

　日本の森林の約3割は林野庁が所有する国有林で、このような森で狩猟を行う場合は『入林届』を出さなければいけません。国有林は地方ごとに森林管理署により管理されているので、まずはそれぞれの事務所の森林官に相談してみましょう。

　また国有林では森林管理等の職員やパトロール員が巡回していることがあります。身分証明書の提示や退去の指示を受けた場合は必ず従うようにしましょう。

管理局	都道府県
北海道森林管理局	北海道
東北森林管理局	青森県、岩手県、宮城県、秋田県、山形県
関東森林管理局	福島県、茨城県、栃木県、群馬県、埼玉県、千葉県、東京都、神奈川県、新潟県、山梨県、静岡県
中部森林管理局	富山県、長野県、岐阜県、愛知県
近畿中国森林管理局	石川県、福井県、三重県、滋賀県、京都府、大阪府、兵庫県、奈良県、和歌山県、鳥取県、島根県、岡山県、広島県、山口県
四国森林管理局	徳島県、香川県、愛媛県、高知県
九州森林管理局	福岡県、佐賀県、長崎県、熊本県、大分県、宮崎県、鹿児島県、沖縄県

1 法律・知識編

土地所有者への確認は必要

　これまでに述べた狩猟ができない場所以外は「狩猟可能区域」または「乱場」と呼ばれ、どこでも狩猟をすることができます。しかしこれらの場所が柵や垣で囲われていたり、作物が植わっていたりする場合は、その土地の所有者に『狩猟を行う承認』を受けなければなりません。

　また、柵や垣で囲われていない土地であっても、国内の土地は個人所有の私有林や、組合が所持する生産森林組合林、市町村が所有している市町村有林などの所有者がいます。よって狩猟をする場合はあらかじめ、土地所有者を探して狩猟の承認を得るようにしましょう。

ローカルルールも厳守

　狩猟が行える場所には、すでに他の狩猟者が専有的に狩猟を行っている、いわゆる"ナワバリ"があったりします。こういったナワバリは公開された情報ではないため、地元ハンターさんと交流を持って情報収集をしておきましょう。特にわな猟は、暗黙のもと猟犬を使って狩猟を行うグループとの住み分けがされています。ローカルルールを知らずにわなを仕掛けるのはトラブルの元になるので注意しましょう。

禁止猟法・危険猟法・法定猟法

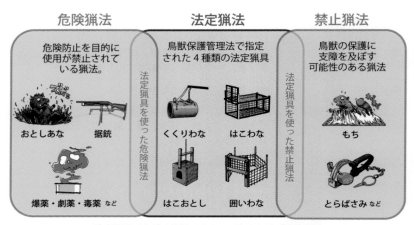

危険猟法　　　　　　　法定猟法　　　　　　　禁止猟法

危険防止を目的に
使用が禁止されて
いる猟法。

おとしあな　　据銃

爆薬・劇薬・毒薬 など

法定猟具を使った危険猟法

鳥獣保護管理法で指定
された４種類の法定猟具

くくりわな　　はこわな

はこおとし　　囲いわな

法定猟具を使った禁止猟法

鳥獣の保護に
支障を及ぼす
可能性のある猟法

もち

とらばさみ など

法定猟具でも禁止猟法でもない "わな" は「自由猟法」

　日本の狩猟制度では、狩猟鳥獣・猟期・鳥獣保護区等の規制を守れば、誰でも自由に狩猟を楽しむことができます。しかし、だからと言って、獲物を仕留めるのに危険物を使ったり、野生鳥獣を無暗に捕獲する道具を使うのは問題があります。そこで狩猟制度には『狩猟に使ってはいけない猟具や方法』が定められており、これらを危険猟法、禁止猟法と言います。

人の生命に危険を及ぼす可能性がある危険猟法

　危険猟法とは、直接的、または間接的に人間の身体や生命・財産に危険を及ぼす可能性のある猟法を指します。具体的には、爆発物や劇薬、毒薬、また古くから使用されてきた据銃（すえじゅう）やおとしあな（陥穽）、しかけ弓（アマッポ）、投石機、丸太落としといったわなも、万が一人間が誤ってかかってしまったら死傷させてしまう危険性が高いので、現在では禁止されています。

乱獲の可能性を防止する禁止猟法

禁止猟法は、狩猟鳥獣以外の野生鳥獣を無作為に捕獲したり、野生鳥獣をしとめ切れないほどパワーが低い、逆に強すぎて"狩猟"の目的に即していないと判断される猟法を指します。

禁止猟法一覧
口径の長さが10番を超える銃器を使用する猟法。
飛行中の飛行機、もしくは運行中の自動車、または5ノット以上の速力で航行中のモーターボートの上から銃器を使用する猟法。
構造の一部として3発以上の実包を充てんすることができる弾倉のある散弾銃を使用する猟法。
ライフル銃を使う猟法。ただし、ヒグマ、ツキノワグマ、イノシシ、ニホンジカに限っては、口径の長さが5.9mmを超えるライフル銃を使用可能。
空気散弾銃を使用する猟法。
ヤマドリおよびキジの捕獲等をするためテープレコーダーなどを使用する猟法。キジ笛を使用する猟法。
犬にかみつかせることのみにより捕獲等をする方法、犬にかみつかせて狩猟鳥獣の動きを止め、もしくは鈍らせ、法定猟法以外の方法により捕獲等をする猟法。
ユキウサギ及びノウサギ以外の対象狩猟鳥獣の捕獲等をするため、はり網を使用する方法（人が操作することによってはり網を動かして捕獲等をする方法を除く。
かすみ網を使用した猟法。
同時に31以上の罠を使用する猟法。
鳥類、ヒグマ、ツキノワグマを罠で捕獲すること。
イノシシ、ニホンジカを捕獲する"くくり罠"で、輪の直径が12cmより大きい、もしくはワイヤーの直径が4mm未満、もしくは締付け防止金具、よりもどしが装着されていないもの。
イノシシ、ニホンジカ以外の獣類を捕獲する"くくり罠"で、輪の直径が12cmより大きい、もしくは締め付け防止金具が装着されているもの。
おし、とらばさみ、つりばり、とりもち、矢（吹き矢、クロスボウなど）を使用すること。

なお、わなに関係する禁止猟法については、2章で詳しく解説をします。

法定猟法

　日本国内では危険猟法・禁止猟法に該当しない猟法で、かつ、装薬銃、空気銃、わな、網のいずれかの道具を使って狩猟をすることを、法定猟法と言います。この法定猟法で狩猟をする場合は、その区分に応じた狩猟免許が必要となり、さらに狩猟を行う年度ごとに都道府県に対して狩猟者登録を行う必要があります。

法定猟法		狩猟免許区分
装薬銃	散弾銃、ライフル銃・散弾銃及びライフル銃以外の猟銃（俗にハーフライフル銃、サボット銃と呼ばれるタイプ）	第一種銃猟免許
空気銃	空気銃（エアライフルなど）	第二種銃猟免許（第一種でも可）
わな	くくりわな、はこわな、はこおとし、囲いわな	わな猟免許
網	むそう網、はり網、つき網、なげ網	網猟免許

　法定猟法は、上表に示すように、装薬銃、空気銃、わな、網の4種類に分類されます。これらの猟法に使用する道具は猟具と呼ばれ、わなの場合は、くくりわな、はこわな、はこおとし、囲いわなの4種類の猟具が該当します。

　なお、危険・禁止猟法でない、かつ、法定猟法でもない猟法、例えば、手づかみや投石、ブーメラン、パチンコ、虫取り網といった猟法は自由猟法と呼ばれ、狩猟免許や狩猟者登録は必要ありません。とはいえ、狂暴な獣や素早い鳥をこれらの猟法で捕獲するのは非常に難しく、とても実用的ではありません。そのため「狩猟」は原則として「法定猟法でおこなうもの」と理解しておきましょう。

狩猟免許試験と欠格事項

　わなを使って狩猟をするためには、わな猟免許試験に合格しなければなりません。このわな猟免許については、次の節で詳しく解説をしていきます。

なお、法定猟法を使用するための狩猟免許試験は、下表のように欠格事項が定められており、これらに該当する人は狩猟免許を取得することはできません。

狩猟免許試験を受けるさいの欠格事項
狩猟免許試験の日に20歳に満たない者（ただし網猟、わな猟にあっては18歳に満たない者）
精神障害、総合失調症、そううつ病（そう病およびうつ病を含む）、てんかん（軽微なものを除く）などにかかっている者
麻薬、大麻、あへん又は覚せい剤の中毒者
自分の行為の是非を判別して行動する能力が欠如、または著しく低い者
鳥獣保護管理法またはその規定による禁止、もしくは制限に違反し、罰金以上の刑に処せられ、その刑の執行を終わり、または執行を受けることができなくなった日から3年を経過していない者
狩猟免許を取り消された日から3年を経過していない者

装薬銃・空気銃には銃の所持許可が必要

本書では詳しく解説をしませんが、装薬銃・空気銃を使用して狩猟をする場合は、狩猟免許と併せて、銃の所持許可を受けなければなりません。

銃を合法的に所持するためには、都道府県公安委員会が開催する猟銃等講習会に参加し、そこで行われる考査（テスト）に合格しなければなりません。この講習会の考査は都道府県によっては「合格率10%以下」という狭き門だったりします。銃の所持は手間もお金もかかるので、わな猟と併せて銃猟も検討している人は、しっかりと"心の準備"をして、講習会の考査に向けて予習をしておきましょう。

わな猟免許試験

わな猟の世界への第一歩は、わな免許試験をクリアすることです。試験は予習をしておかなければ絶対に合格できないような問題が出されますが、合格率は決して低くはありません。肩の力を抜いてリラックスしてのぞみましょう！

狩猟免許試験の流れ

狩猟免許試験は第一種銃猟免許、第二種銃猟免許、わな猟免許、網猟免許の4種類があり、それぞれ試験内容が異なります。本書では、わな猟免許試験の内容について詳しく解説をします。

狩猟免許の受験申請をする窓口は市町村によって異なります。そこでまずは、住んでいる場所の役所に連絡して、"狩猟担当窓口"を確認しましょう。狩猟免許に関する手続きは支部猟友会でも受け付けています。猟友会を通す場合は都道府県猟友会に連絡して、住所に一番近い支部猟友会の連絡先を聞いてみましょう。

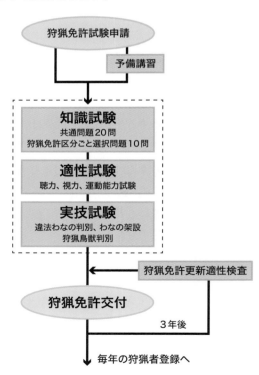

```
狩猟免許試験申請
        │
        │      予備講習
        │
        ▼
┌ ─ ─ ─ ─ ─ ─ ─ ─ ┐
  知識試験
  共通問題20問
  狩猟免許区分ごと選択問題10問

  適性試験
  聴力、視力、運動能力試験

  実技試験
  違法わなの判別、わなの架設
  狩猟鳥獣判別
└ ─ ─ ─ ─ ─ ─ ─ ─ ┘
        │◄──── 狩猟免許更新適性検査
        ▼
   狩猟免許交付
        │           3年後
        ▼
   毎年の狩猟者登録へ
```

受験申請に必要な書類

　狩猟免許試験の申請は下記の書類を狩猟担当窓口、もしくは支部猟友会に提出します。

1. 狩猟免許申請書
2. 写真1枚（3×2.4cm）
3. 医師の診断書
4. 受験料5,200円

　1の用紙は狩猟担当窓口から直接もらうか、インターネットからダウンロードして印刷しましょう。支部猟友会や地元の銃砲店などにも印刷物が用意されているので相談してみましょう。

　3の医師の診断書は統合失調症や麻薬、覚せい剤中毒者でないことを証明する書類です。診断書のフォーマットも1の申請書と同様に窓口で手に入れるか、インターネットからダウンロードしましょう。

　診断を受ける医師は、精神科医もしくはかかりつけの医師になります。診断書の発行は病院によって1万円近くかかることがありますが、2,000円程度で引き受けてくれるところもあります。地元のハンターさんに、どこの病院を利用しているのか聞いてみるとよいでしょう。

猟期に間に合うように受験のスケジュールを立てよう！

　試験の開催日時や頻度は都道府県により異なるので、試験日程をよく確認したうえで、猟期から逆算して受験のスケジュールをたてましょう。従来は年に1、2回程度しか開催されていませんでしたが、近年狩猟人口の減少に歯止めをかけるために年3、4回開催する都道府県が増えてきました。

予備講習

　狩猟免許試験は、わなの判別や、実際にわなをかける実技試験もあります。よって、各都道府県猟友会が主催する狩猟免許試験の予備講習会には必ず参加しておきましょう。

知識試験

　知識試験は共通問題20問と狩猟免許の区分ごとに分かれた選択問題が10問あり、合計30問を三肢択一式で回答します。制限時間は90分、21問以上正答で合格です。なお、すでにわな以外の狩猟免許を所持している人は選択問題が免除され、問題数は10問になります。

試験対策は予備講習で配られる狩猟読本を読みこむ

　試験内容は法律や猟具に関する話など聞き慣れない内容が多く出題されるので予習が必要です。試験問題は予備講習や、各都道府県猟友会で購入できる狩猟読本から出題されるので、必ず事前に手に入れておくようにしましょう。（狩猟読本は一般書店では購入できません。）

知識試験の内容

知識試験では大まかに以下のような内容が出題されます。

1）法律に関する問題

- 鳥獣保護管理法の目的
- 狩猟鳥獣、猟具の種類、狩猟期間など
- 狩猟免許制度
- 狩猟者登録制度
- 狩猟鳥獣の捕獲が禁止または制限される場所、方法、種類など
- 鳥獣捕獲等の許可、鳥獣の飼養許可ならびにヤマドリの販売禁止
- 猟区
- 狩猟者の狩猟にともなう義務

2）猟具に関する問題

- 第一種銃猟免許（装薬銃、空気銃の構造および機能）
- 第二種銃猟免許（空気銃の取り扱い）
- わな猟免許（わなの種類、構造および機能）
- 網猟免許（網の種類、構造および機能）

3）野生鳥獣に関する問題

- 狩猟鳥獣および狩猟鳥獣と誤認されやすい鳥獣の形態、獣の場合は足跡も
- 狩猟鳥獣および狩猟鳥獣と誤認されやすい鳥獣の生態
- 鳥獣に関する生物学的な一般知識

4）野生動物の保護管理に関する問題

- 鳥獣の保護管理（個体数管理、被害防除対策、生息環境管理）の概要
- 錯誤捕獲の防止
- 鉛弾による汚染の防止（非鉛弾の取り扱い上の留意点）
- 人獣共通感染症の予防
- 外来生物対策

適性試験

　狩猟免許試験は午前中に知識試験（筆記）があり、昼休み中に採点がおこなわれます。これに合格したら引き続き適性試験の検査が行われます。適性試験では視力、聴力、運動能力の3つの試験が行われ、それぞれの合格基準は次の通りです。

　なお、同一登録年度において他の免許区分の試験（第一種銃猟免許、第二種銃猟免許、網猟免許のいずれか）を受けて合格している場合、他の免許試験の適性試験にも合格したものとして取り扱われます。

視力

　網猟、わな猟においては、視力（万国式試視力表により検査した視力で、矯正視力を含む）が両眼で0.5以上であること。ただし一眼しか見えないものについては、他眼の視野が左右150度以上で、視力が0.5以上あること。

　第一種銃猟、第二種銃猟においては、視力が両眼0.7以上であり、かつ、一眼でそれぞれ0.3以上であること。一眼の視力が0.3に満たない者、または一眼しか見えない者については、他眼の視野が左右150度以上で視力が0.7以上であること。

視力は眼鏡やコンタクトをかけた状態で0.5あればOK。

聴力

10メートルの距離で、90デシベルの警音器の音が聞こえる聴力（補聴器により補正された聴力を含む）があること。

補聴器を使って1m先の踏切の音が聞こえるぐらいの聴力があればOK。

運動能力

狩猟を安全に行うことに支障を及ぼすおそれのある四肢、体幹に異常がないこと。異常がある者は、補助手段を講ずることによって狩猟を行うことに支障を及ぼすおそれがないと認められること。

運動能力は屈伸運動、手のグーパー運動、肩回し運動ができればOK!

1

法律・知識編

実技試験

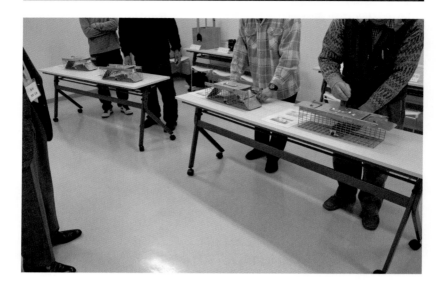

　適性試験に合格したら、いよいよ実技試験が始まります。わな猟免許試験では、わなの判別、わなの架設、狩猟鳥獣の判別の3つの試験が行われます。

わな猟免許試験の内容

　狩猟免許試験は免許区分ごとに試験内容が違います。わな猟免許試験の試験項目はそれぞれ以下のようになっています。

1）猟具の判別

　机の上に6種類のわなが並べられており、それぞれ法定猟具（3種）か禁止猟具（3種）であるかを回答する。

2）猟具の架設

　1で判別した法定猟具のうち、1種類を架設する試験。

3）狩猟鳥獣の判別試験

　16枚の絵（もしくは写真）を見て、その鳥獣が狩猟鳥獣か否かを回答する試験。狩猟鳥獣の場合はその名前も回答する。

操作課題における減点項目と点数

　狩猟免許の実技試験は100点を持ち点とした減点方式で行われ、最終的に70点以上残っていれば合格です。減点項目はそれぞれ次のようになっています。

減点項目	減点数
法定猟具であることを判別できなかった場合	5点（1種類につき）
禁止猟具であることを判別できなかった場合	5点（1種類につき）
わなの架設ができなかった場合	31点（不合格）
架設が不完全な場合	20点
架設が円滑でない場合	10点
狩猟鳥獣であることの判別ができなかった場合	2点（1種類につき）
非狩猟鳥獣であることを判別できなかった場合	2点（1種類につき）

1

法律・知識編

猟具の判別は手に取ってよく調べる

　猟具判別の試験で出されるわなは都道府県により種類が若干違いますが、法定猟具は小型箱わな、押しバネ式くくりわな、ねじりバネ式くくりわな、箱落としわな、イタチ捕獲用筒わなの中から3種類。違法猟具はトラバサミ、締め付け防止金具やよりもどしが付いていないくくりわな、締め付け防止金具が付いていないイタチ捕獲用筒わな、ストッパーの付いていない箱落としわなの中から3種類出題されます。

　締め付け防止金具やストッパーが付いていないだけの違法わな具は、チラっと見ただけでは法定猟具と区別がつかないので、手に取ってからよく観察して回答しましょう。わなに関する詳しい解説は2章にまとめているのでご参考ください。

わなの架設は焦らずに

　猟具の判別を終えたら、その中から1種類の法定猟具を架設します。わなの架設は予備講習で体験できるので、しっかりと予習しておきましょう。もし、どうしても予備講習に参加できていない人は、架設が簡単な小型の箱わなを選択するとよいでしょう。わなを架設できなかった場合は31点減点で即不合格になります。時間がかかっても減点は10点なので、焦らずにゆっくりと行いましょう。

鳥獣判別は予習しておかないと難しい

　鳥獣判別試験は、試験官が提示した動物の絵（もしくは写真）を見て、『狩猟鳥獣か否か、狩猟鳥獣であればその名前』を口頭で回答します。回答時間は5秒ほどなので、狩猟鳥獣の種類をよく覚えておかないととても難しい試験です。試験で出される鳥獣の種類は免許区分によって違い、わな猟免許試験では鳥類は出題されず、獣類のみが出題されます。

出題される 狩猟獣の例	タヌキ、キツネ、テン、イタチ（オス）、ニホンジカ、ミンク、アライグマ、ハクビシン、アナグマ、シベリアイタチ
出題される 非狩猟獣の例	モモンガ、オコジョ、カモシカ、イタチ（メス）、ニホンリス、ムササビ、ニホンザル

　問題で特に間違いやすいのは『タヌキとアライグマ』、『ミンクとイタチ』、『イタチのオスとメス』、『ニホンジカとカモシカ』などです。狩猟獣に関してはp.286以降で詳しく解説をしているのでご参照ください。

狩猟免状は大切に保管しておく

　実技試験の合格発表は、都道府県庁のHPなどで公開されます（即日発表のところもあります）。合格した人は後日、狩猟免状が自宅か所属予定の支部猟友会宛てに送付されます。狩猟免状は狩猟者登録のさいに必要となる書類なので、失くさないように保管しましょう。もし狩猟免状を失くしてしまった場合は、狩猟担当窓口に連絡して、再発行をしてもらいましょう。

狩猟免許の有効範囲

　狩猟免許は国家資格なので、有効範囲は全国一円になります。よって1か所で取得すれば全国どの都道府県でも狩猟者登録を行うことができます。狩猟免許の有効期限内で名前や住所が変更になった場合は、狩猟担当窓口で狩猟免許の書き換え申請を行いましょう。他都道府県に引っ越した場合は、引っ越し先の狩猟担当窓口で書き換え申請を行います。

狩猟免許の有効期間と更新

　狩猟免許の有効期限は『合格した年から数えて3年目の9/15まで』です。よって3年目以降も狩猟を続けたい場合は、3年目の9/14までに狩猟免許を更新しなければなりません。更新の手続きには『狩猟免許更新適性検査』を受講しなければならず、だいたいどこの都道府県でも6, 7月ごろに開催されています。よって、9月に思い出しても間に合わないので注意しましょう。

　更新の検査では、約1時間の講義と適性検査が実施され、知識試験、技能試験はありません。複数の狩猟免許を取得していて更新年度がそれぞれ違う場合は、一括して更新する特例も用意されています。

狩猟免許の失効と取消し

　狩猟免許を更新しなかった場合は失効するため、再度狩猟を行いたい場合は狩猟免許試験を受けなおす必要があります。また、非狩猟鳥獣の捕獲や違法猟具の使用などの違反を行った場合は、狩猟免許が取り消されることがあります。この場合、3年間は狩猟免許試験を再受験することができなくなります。

狩猟者登録

狩猟をしたい都道府県に狩猟者登録申請をすると、1カ月ほどで小包が送られてきます。小包の中のハンターバッヂを身に付けたら、いよいよあなたもハンターの仲間入りです！

狩猟者登録の申請

　法定猟具を用いて狩猟をする場合は、狩猟をした場所の都道府県に対応する狩猟免許を提出して、狩猟者登録を行います。狩猟者登録が面倒くさいひとは、猟友会に入会して申請を代行してもらうという手もあります。

狩猟者登録の流れ

　狩猟者登録は、だいたいどの都道府県も8月ごろから始まります。申請書類一式を都道府県の窓口に直接提出するか、猟友会を通して申請を代行してもらうと、1〜4週間程度で狩猟者登録証と狩猟者記章が入った小包が送られてきます。これらは狩猟中に必ず携帯しておかなければならないものなので、猟期まで大事に保管しておきましょう。

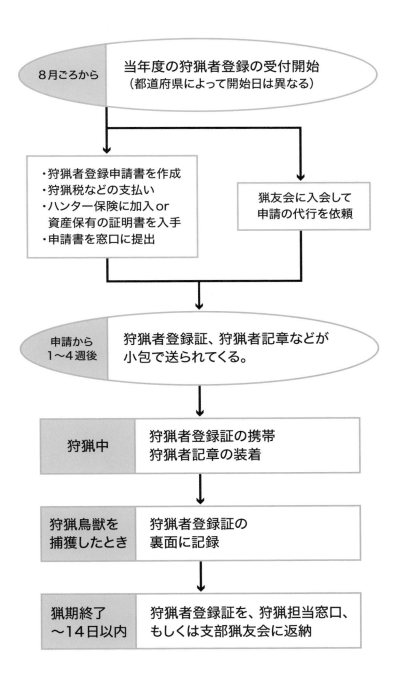

狩猟者登録申請書の書き方

　狩猟者登録では以下の書類を狩猟担当窓口に提出します。なお2か所以上の都道府県で狩猟をしたい場合は、下記の書類を都道府県ごとに提出します。

1. 狩猟者登録申請書
2. 狩猟免状
3. 3,000万円以上の損害賠償能力を有することの証明書

申請方法は都道府県によって違うので要注意！

　狩猟者登録申請書のフォーマットは全国共通ですが、狩猟税や登録手数料の支払い方法は都道府県によってかなり違いがあるので注意しましょう。また提出する狩猟免状も

1. 原本を提出する
2. 狩猟者登録用として再交付を受けた狩猟免状を提出する
3. 狩猟免状を直接提示する

など都道府県によって違いがあります。さらに都道府県によっては狩猟免状の原本を提出した場合でも返還されないケースもあるので、登録の前に必ず確認しておきましょう（2の再交付は狩猟担当窓口で申請すると手数料2,000円で発行されます）。

賠償責任能力の証明は猟友会共済かハンター保険

　3,000万円以上の損害賠償能力を有することの証明書は、3,000万円以上の資産を証明する固定資産証明書や残高証明書などがあります。また3,000万円以上の資産を持たない人は施設賠償責任保険や、自動車保険などの特約で入れる個人賠償責任保険を利用しましょう。

　なお、近年では狩猟者がグループで団体の『ハンター保険』に加入することも増えていますが、この保険はわな猟が対象外である場合が多いので注意が必要です。加入するのであれば必ず施設賠償責任保険がセットになっていることを確認しましょう。

狩猟者登録申請書の記入例

狩猟を行う都道府県の知事名、記入日

あなたの氏名生年月日、住所、電話番号

狩猟免許を取得した都道府県、狩猟免許番号、交付年月日。「わな猟免許」に〇

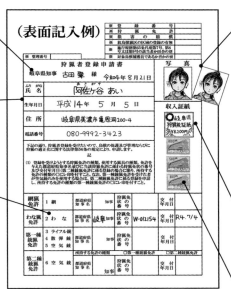

あなたの写真2枚、1枚は貼り付け。3.0cm×2.4cm 申請前6ヶ月以内無帽、正面、無背景上三分身 裏面に氏名と撮影年月日を記載

狩猟税納税証紙8,200円。都道府県税事務所で購入

都道府県収入証紙1,800円。市役所や銀行などで購入

(3),(4) 減税事項 初心者は関係ないので該当しない、対象鳥獣捕獲員でないに☑

(6) あなたの銃砲所持許可証番号許可証の交付日

(8) あなたの職業の分類に〇

(2) 放鳥獣猟区特別な区域で狩猟をする予定がなければ、区域全部に☑

(5) 初心者の場合は関係ないので、無に☑

(7) 賠償責任能力 共済証書、保険証書、預貯金の証明などの詳細

猟友会入会のすすめ

大日本猟友会

日本における狩猟の権利を守るために組織された狩猟者による団体です。行政交渉を行うほか、共済事業やハンター保険の取次を行っています。

都道府県猟友会

都道府県行政との交渉窓口となる団体です。毎年変化する狩猟情報をまとめて狩猟者の皆様に情報を提供しています。また射撃大会を開催したりしています。

支部猟友会

地区行政とハンターの皆様との間に立って手続きの代行を行う団体です。狩猟で困ったことがありましたら、なんでもご相談ください！

　狩猟者登録は、申請書類を作成したり、狩猟税を支払ったり、ハンター保険に入ったりと、かなり面倒くさい手続きが必要になります。そこで初心者のうちは猟友会に入会して、これらの申請手続きを代行してもらうとよいでしょう。

猟友会とは？

　猟友会とは国内のハンターのために様々な活動をしている団体です。猟友会の構造は3階層になっており、主に狩猟共済事業を担当する大日本猟友会、狩猟事故・違反の防止活動などを行う都道府県猟友会、窓口業務を行う支部猟友会で構成されています。猟友会のサービスを受けるには年会費を支払って猟友会会員になります。猟友会費は住んでいる地区によって違いがありますが、約12,000円（大日本猟友会費＋都道府県猟友会費＋支部猟友会費）になります。猟友会は狩猟者登録の代行手続きだけでなく、狩猟関係の情報が集まってくるところなので、初心者の方は情報を収集できるように入会しておくことをおすすめします。

都道府県外の申請も代行してくれる

猟友会は、住んでいる場所とは別の都道府県に狩猟者登録を申請する場合でも手続きを代行してくれます。このさい、狩猟免状を猟友会で複製してくれるので、狩猟担当窓口で狩猟免状の再発行を受ける手間が省けます。また狩猟免状を預けておくと、更新年度にアナウンスをしてくれるので更新忘れを防ぐこともできます。

猟友会共済＋ハンター保険の二重がけも有効

猟友会の狩猟者共済に加入しておけば3,000万円以上の損害賠償責任をクリアできるので、ハンター保険に加入する必要はありません。しかし狩猟で人身事故を起こして最悪相手を死亡させてしまった場合、相手に対して1億円以上の損害賠償を行わなければならないケースもあります。そこで猟友会では共済保険の他に民間保険会社のハンター保険の手続きも行っているので、万が一に備えて保険を二重掛けしておくことをオススメします。

猟友会は＋1万円程度の入会金が必要だけど、メリットは大きい。
特に初心者のころは、わからないことが多いので、猟友会にいろいろと相談してみよう。

法律・知識編

1

狩猟者登録証と狩猟者記章

注 意 事 項	4　わな猟　狩猟者登録証

注 意 事 項

1　狩猟者登録証は、これを交付した都道府県知事が管轄する区域内でなければ効力を有しない。

2　出猟の際には、必ず狩猟者登録証を携帯し、かつ、狩猟者記章を胸部又は帽子に付けなければならない。

3　狩猟者登録証及び狩猟者記章は、他人に使用させてはならない。

4　国若しくは地方公共団体の権限のある職員、警察官又は鳥獣保護員その他関係者が狩猟者登録証の掲示を求めたとき又は捕獲した鳥獣の検査をするときは、拒んではならない。

5　狩猟者登録証は、狩猟期間が満了したときはその日から30日以内に、登録が抹消されたときは速やかに、交付を受けた都道府県知事に返納しなければならない。

6　狩猟者登録証の交付を受けた者は、狩猟期間満了後30日以内に、登録が抹消されたときは速やかに、交付を受けた都道府県知事に返納しなければならない。

7　返納の際に報告欄に所定事項を記入することにより、鳥獣保護及び管理ならびに狩猟の適正化に関する法律第66条の報告とすることができる。

4　わな猟　狩猟者登録証

第　355　号

4 年 10 月 15 日

岐阜県 知事

住　所	岐阜県美濃市亀恩洞200-4
氏　名	阿佐ヶ谷 あい
生 年 月 日	平成14年5月5日
備　考	

　狩猟者登録申請後、1〜4週間ほどで都道府県から狩猟者登録証や狩猟者記章などが入った小包が送られてきます。これらはあなたがハンターであることをしめすもので、狩猟中はつねに携帯しておかなければなりません。

狩猟者登録の小包の中身

　狩猟者登録で送られてくる小包には、主に次のような物が入っています。

1）狩猟者登録証

2）狩猟者記章（ハンターバッヂ）

3）鳥獣保護区等位置図（ハンターマップ）

4）その他、当年度の注意事項が書かれた冊子など

　1の狩猟者登録証は登録した都道府県で法定猟具を使って狩猟をするための証明書です。わな猟ではしかけたわなに標識をかける必要があり、このとき登録証に書かれている登録番号が必要になります。

　3は当該年度の都道府県内における鳥獣保護区や休猟区、特定猟具使用禁止区域などが書かれた地図です。狩猟をしようと思っている地区が狩猟可能地域であることを事前にチェックしておきましょう。

登録番号		号			登録年度	令和		年度
氏名								
住所								
電話番号					登録知事			知事

○

狩猟者記章（ハンターバッヂ）は目立つところに装着

　2の狩猟者記章は登録年度と、登録した都道府県が刻印されたピンバッヂです。また狩猟区分に応じて第一種銃猟登録（青）、第二種銃猟登録（緑）、わな猟登録（赤）、網猟登録（黄色）で色分けされています。ハンター

第一種銃猟

網猟

第二種銃猟

わな猟

バッヂは自身がハンターであることを証明するために、狩猟中は常に掲示しておかなければならないので、帽子やハンターベストの胸ポケットなど目立つ位置に取り付けておきましょう。なお、ハンターバッヂを紛失すると再発行をしなければならないので、ピンの部分が緩まないように接着剤などで止めておいた方がよいでしょう。

ハンターバッヂは返納しなくてもいいから記念に取っておこう。都道府県によってデザインも違うから、集めてみるのも楽しいよ。

狩猟報告書の作成

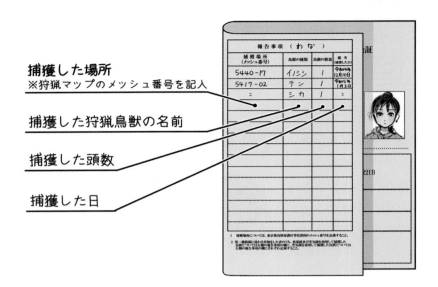

捕獲した場所
※狩猟マップのメッシュ番号を記入

捕獲した狩猟鳥獣の名前

捕獲した頭数

捕獲した日

報告事項（わな）			
捕獲場所 (メッシュ番号)	鳥獣の種類	鳥獣の数量	備考 (捕獲した日)
5440-17	イノシシ	1	令和4年 12月10日
5417-02	テン	1	令和5年 1月3日
ミ	シカ	1	ミ

1　捕獲場所については、東京都鳥獣保護区等位置図のメッシュ番号を記載すること。
2　第一種銃猟に係る狩猟をした鳥のうち、散弾銃及び空気銃等を使用して捕獲した鳥類については鳥の報告事項の欄に、その他を使用して捕獲した鳥類については自物の報告事項の欄にそれぞれ記載すること。

狩猟者登録証は猟期が終わったら、都道府県に返納しなければなりません（猟友会に所属している場合は支部猟友会へ）。この登録証には狩猟鳥獣の捕獲履歴を書く欄があるので、自分のしとめた獲物はもれなく記載しておきましょう。

捕獲鳥獣数報告

狩猟者登録証の裏面は獲物を捕獲した場所、捕獲日、鳥獣の名前、捕獲数を記載する表になっています。各都道府県はハンターからの捕獲情報や目撃情報などを頼りに、どの場所にどのくらいの鳥獣が生息しているかを調査しています。生態系の保護管理にはハンターからの報告が重要なデーターになっているので、漏れがないように記入しましょう。なお都道府県によってはイノシシやニホンジカ、ツキノワグマ、カモシカなどの『目撃報告書』の作成を依頼している場合があるので、そちらも忘れずに回答しましょう。

返納方法と紛失した場合

　狩猟者登録証の返納先は登録を受けた都道府県になります。30日以内に窓口に持参するか郵送で送りましょう。猟友会に所属している場合は猟友会が一括して返納するので所属の支部猟友会に渡しておきましょう。

　猟期中に狩猟者登録証やハンターバッヂを紛失した場合は、速やかに登録を受けた都道府県の狩猟担当窓口に連絡して再交付の手続きを行いましょう（有料）。

狩猟免許、狩猟者登録はどちらも、引っ越しや結婚などで住所氏名が変わったら書き換え申請をしないといけないよ。忘れないように注意しよう。

1

法律・知識編

Chapter 2

わな猟具編
Animal Traps

"わな"を知ろう

トビラのレバーを
こう合わせて、踏み板の
レバーで支えれば…

何度か練習してたらなれるよ。
ほれ、やってみな。

あ、ありがとうございます。

両開きの箱わなは
ちょっと難しいからね。
他のわなを試してみたら
どうだい？

へー、わなっていろんな
タイプがあるんですね。

一言に「わな」と言っても
色々な種類があるよ。
中には違法な物があるから
まずはわなの種類を
覚えておこう。

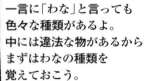

おしわな（違法）

トラバサミ（違法）

もちわな（違法）

囲いわな

箱落とし

落としわな（違法）

くくりわな

わなの中でも汎用性が高いのがくくりわなだ。

地面に埋める
くくりわな

獲物の首を
くくるわな

足を吊り上げる
くくりわな

箱わな

害獣対策なら箱わなが最適だ。ターゲットに応じてサイズを選ぼう。

小中動物を1匹だけ
捕獲する小型箱わな

イノシシやシカを
捕獲する大型箱わな

ちなみに、わなに使うバネは超強力だから、むやみに触らないように‥‥

‥‥バネでケガする人が多いから、正しい知識を身につけてから扱おうね。

いろいろなわな

人類はこれまで、さまざまな"わな"を開発してきました。ここでは現在使用が禁止されているわなも含めて、"わな"とはどういった道具なのかを詳しく見ていきましょう。

わなとは何か？

　「待て！あわてるな！これは○○のわなだ！」と現代社会においても「相手をだます」という意味で使われるわなという言葉。しかし実際のわながどんなものなのかを知る人は、それほど多くはありません。

わなの歴史は人類の歴史

　人類は有史以前より、様々なわなを開発して使用してきました。これらのわなは、長い年月をかけて野生動物を観察し、工夫に工夫を重ねて作り上げられた人類の知恵の結晶ともいえる道具です。しかし現在では、狩猟

が『生活の糧』から『趣味』におちついたことから、これまで使われていたわなの多くは野生動物に対して"強力すぎる"とされ、様々な規制が設けられるようになりました。

　現在、わなの猟法は大きく10種類に分類され、その中の6種類は禁止猟法とされています。これら禁止猟法を細かく知る必要はありませんが、『なぜ禁止されているのか』を知っておくことは、法定猟具への深い理解につながります。

	猟法	使用例	禁止の理由
禁止猟法	落とし穴	獲物を地面に掘った穴に落として捕獲する。	人命に危害を加える恐れがあるため。
	デッドフォール	獲物がトリガーに触れると、岩などの重量物が落ちて圧死させる。	錯誤捕獲を防止するため。
	トラバサミ	踏むと板バネが立ち上がり、金具が獲物の足を挟んで捕獲する。	動物に長時間の苦痛を負わせるため。
	毒物	餌に混ぜて毒殺する。	環境に与える影響が未知なため。
	とりもち	粘着性のある物質を使って、獲物を捕縛する。	錯誤捕獲の際、無傷での解放が困難なため。
	据銃	銃器や弓、丸太などをしかけて、トリガーに触れた獲物に対して自動発射する。	錯誤捕獲防止。また人命に危害を加える恐れがあるため。
法定猟具	箱落とし	箱の中に獲物が入ったら、フタを落として閉じ込める。	ストッパーが付いていないものは禁止猟具。
	囲いわな	壁を作って獲物を閉じ込める。	
	くくりわな	ワイヤーで獲物の体の一部を捕縛する。	細かな規制あり。（詳細はp.70）
	箱わな	檻や箱の中に獲物が入ったら、扉を閉めて閉じ込める。	細かな規制あり。（詳細はp.140以降）

2

わな猟具編

落とし穴

人類の歴史の中で、もっとも原始的かつ、最強と言えるわなが『落とし穴（陥穽）』です。人類がいつごろからわなを使って狩猟をしていたかは定かではありませんが、静岡県初音ヶ原遺跡では3万8000年前の旧石器時代の物と思われる巨大な落とし穴の跡が残っています。この当時人類は巨大な

ナウマンゾウやオオツノジカを集団で落とし穴を掘った場所に追い込み、落とした獲物を石や槍でしとめていたと考えられています。

縄文時代に入ると大型動物は姿を消し、代わりにイノシシやウサギなどの中小型動物が増えたため、落とし穴も小型化していきました。これら小型の落とし穴には、底に鋭く削った杭（逆茂木）を立てておき、落とし込んだ獲物を刺し殺すような方法で捕獲していました。

シンプルがゆえに危険なわな

穴を掘るだけで作ることができ、シンプルな構造で捕獲率も高く、さらに自然界に溶け込むためターゲットに気付かれにくいといった特徴を持つ落とし穴は、人類最古のわなでありながらも非常に強力なわなだといえます。

しかし落とし穴は、狩猟鳥獣でない獲物がかかる場合もあり、特に人間がかかると人命にかかわる大事故の原因になります。現に、イタズラで掘った落とし穴に人が落ちて、首の骨を折ったり、土が崩れて生き埋めになったりする事故も起こっています。このような『人命に危険をもたらす可能性のあるわな』は、現在いかなるものであっても使用が禁止されています。

デッドフォール

デッドフォール（おしわな）は、落とし穴と同じように人類が古くから使っていたシンプルなわなでありながら、物理現象を上手く利用した高度なわなでもあります。

古代の狩猟ではイノシシやシカなどの中型獣には落とし穴が有効でしたが、体重が軽く落とし穴にかかりにくいウサギやリス、ネズミといった動物に対しては、巨岩や丸

太を細い枝などで斜めに支えて枝の先に餌を付けておき、獲物が餌を引っ張ることで枝が外れて押しつぶすデッドフォールが非常に有効でした。原理としては単純ですが、重い岩を支えた枝を小動物の軽い力で動かすためには、何かしらの工夫が必要になります。

物理学を利用する"トリガー"

デッドフォールで使用するオモリは、ターゲットの体重の5倍以上なければならないので、オモリを支えている棒を獲物に引っ張らせて外そうとしても、うまくいきません。そこでデッドフォールには、1本の棒を長さが不均等になるようにセットし、オモリを長腕で支えて、短腕に餌を付けて、軽い力でオモリのつっかえを外すように工夫されています。このような『小さな力で大きな力を動かす仕組み』は"トリガー"と呼ばれ、わなの世界では非常に重要な考え方になります。

錯誤捕獲防止のために禁止されている

デッドフォールは小動物に対して絶大な効果を発揮するわなですが、現在では『狩猟鳥獣でない動物も無差別に殺してしまう可能性がある』という理由で使用は禁止されています。このような『ターゲットでない動物を捕獲してしまうこと』は錯誤捕獲と呼ばれており、現在認められているわなは、錯誤捕獲を予防する仕組みを持っているか、錯誤捕獲した場合でも無傷で解放できる仕組みを持っていなければならないとされています。

2
わな猟具編

トラバサミ

トラバサミは、中央に設置された板を踏むと、金属でできた"板バネ"が跳ね上がり、獲物の足を挟みこんで捕縛するわなです。このわなは16世紀にヨーロッパで農業や畜産業に被害をもたらすオオカミやキツネなどをしとめる目的で発明され、鉄鋼が安く製造できるようになってから、盛んに使用されるようになりました。

　トラバサミが優れている点は、バネの力を使って高エネルギーを簡単に作り出せることです。従来の落とし穴やデッドフォールが、穴を掘ったり、岩を持ち上げたりと、作るのに手間がかかるのに対し、トラバサミはバネを押し込むだけでセットできるため、強力なわなを大量に使用できるようになりました。

わなにかかった獲物を長く苦しませてはいけない

　過去にはわなの代表的存在であったトラバサミですが、このわなは強力な力で足を挟みこむため、わなにかかった獲物はハンターに回収されるまで長く苦しみを味わうことになります。よって現在では多くの国で使用禁止が訴えかけられており、日本においても2006年に狩猟での使用は禁止されました。

　狩猟では動物をしとめて利用することが目的ですが、獲物を苦しめることは本意ではありません。また人間社会に被害をもたらす害獣であっても、彼らの存在に罪があるわけではありません。"人道的"という言葉は人によって解釈の違いがありますが、ハンターは捕獲した獲物に対して敬意をもって接することが人道的な対応だといえるでしょう。

　なお、トラバサミには体を挟んで"捕殺"するコニベアトラップ（大型のネズミ捕りのようなわな）と呼ばれるタイプもありますが、これは錯誤捕獲の危険性があるため、狩猟での使用は禁止されています。

毒物

　太古の時代から狩猟では、どう猛な獲物を安全に捕獲するために矢尻や槍などの先端に毒を塗っていました。これらの毒は獲物の体内に打ち込まれると血液に乗って筋肉に作用し麻痺や痙攣を引き起こして、最終的には心臓を停止させる効果を持っています。毒の作り方は様々ですが、主に植物の毒（アルカロイド系）やカエル、昆虫、ヘ

ビなどを利用して作られています。日本では、アイヌ民族がトリカブトなどを調合して作った毒を矢に塗り、ヒグマやエゾジカのあらわれる道にしかけるアマッポと呼ばれるわながよく使用されていました。

餌に混ぜる毒

　毒を使ったわなの中で代表的なのが、ネズミなどの小型獣を駆除するための殺鼠剤です。殺鼠剤は餌に混ぜて使用するタイプの毒で、摂取すると内出血を起こして徐々に死に追いやるワルファリンや、中枢神経を狂わせて呼吸困難を起こすリン化亜鉛などが用いられます。これらの毒は農林業や衛生環境保持のための駆除で使用されますが、これらは目的外で使用されないように薬事法や農薬取締法で取り扱いが厳しく規制されています。

特定の動物に効果がある毒

　毒を使った猟法はネズミを駆除する場合を除いてすべて禁止されていますが、近年『シカだけに効果のある毒』によるニホンジカの駆除が注目されています。この毒は硝酸塩と呼ばれるもので、ハムやソーセージなどの食品添加物としても利用されている一般的な化学物質です。しかしシカなどの反芻する動物が摂取すると体内で有害な物質に変換されて、中毒死させる効果を持っています。このような動物に合わせた選択制のある毒餌は、効率的な駆除方法だと評価される一方で、環境に与える影響が未知数だとして反対意見も多く出されています。

2
わな猟具編

もちわな

　もちわなは、鳥や小動物を粘着性物質でからめとって捕獲する猟法です。特にトリモチを使ったわなは手軽に設置できるため盛んに使用されていましたが、狩猟鳥獣以外がかかった場合、羽や毛を抜かないと助け出すことができないことから、現在では禁止猟法とされています。

水辺にしかけるモチ縄

　トリモチに使われる粘着性物質は、動物の皮を煮て作る"にかわ"や松ヤニ、タールなど、世界中で様々な物質が使われていました。日本で古くから狩猟用に用いられてきたトリモチは、ヤマグルマ（モチノキ）の樹脂から作られたもので、これらは水にぬれても粘着性を持つため、竹やワラに塗って水辺に浮かべておき、夜中飛来するカモなどをからめとる『はご』と呼ばれるわなに使用されていました。

　はごなどの猟法は、水鳥を捕獲するわなとしては非常に効果的である一方で、狩猟鳥獣以外の鳥がかかった場合、無傷で解放するのが難しいことから1971年に禁止猟法となりました。獣類に対しても同様な理由で禁止されており、ネズミ以外に接着剤を使ったわなは使用できません。

　余談ですが万が一ネズミ捕りやゴキブリ獲りにペットがかかってしまった場合、無理やり引っぱると毛が抜けてしまうので、ベビーオイルや食用油を毛に馴染ませてから、ゆっくりと剥がすようにしましょう。

据銃

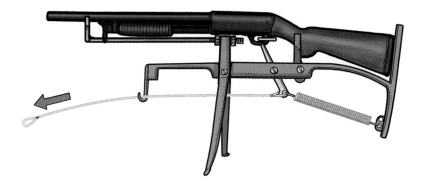

　据銃（ガントラップ）はワイヤーなどを銃の引き金に結んでおき、ワイヤーが引っ張られると弾が発射される仕組みのわなです。この他にもしかけ弓や投石機、丸太落としなど、自動発射される仕組みのわなは、人に危害を与える危険性が高いため禁止されています。

人に危害が及ぶわなは厳禁

　据銃は主に戦争中において、敵軍に占領される街の扉などにしかけておくゲリラ戦のわなとして用いられています。このようなわなは「まぬけな兵士がかかるわな」という意味でブービートラップと呼ばれており、銃以外にもボウガンを自動発射するわな、スパイクの付いた丸太を振り子のように飛ばすわななど色々な種類が存在します。

　据銃やしかけ弓、丸太落としといった強力なわなは、古くはヒグマなどのどう猛な動物を狩る目的でよく利用されてきましたが、現在では人に対して危害を与える危険性が高いので禁止されています。

2
わな猟具編

箱落とし

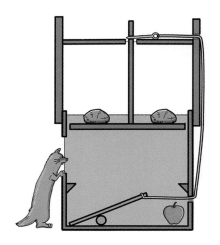 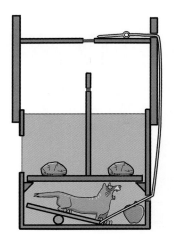

　はこ落としは、箱の中に獲物が入るとオモリが乗った天井が落下して閉じ込める仕組みのわなです。原理としては禁止猟法のおし（デッドフォール）に似ていますが、ストッパーを付けることによって法定猟具として認められています。

違いは"殺さないこと"

　箱落としは、イタチなど普通のわなではすり抜けてしまうような小動物に対して効果を発揮するわなです。仕組みは箱の中に餌を入れて獲物をおびき寄せて、箱の底にしかけておいた板を踏むとワイヤーでつながれていた天井が外れて抑え込みます。このとき、箱の中には『さん木』と呼ばれるストッパーが付いており、獲物をオモリで押しつぶすのを防ぐようになっています。

囲いわな

　囲いわなは敷地を柵などで囲い、野生動物を群れ単位で捕獲するための大型わなです。狩猟よりも有害鳥獣駆除や研究目的の捕獲で使用されることが多く、自治体や研究所レベルで運用されます。なお囲いわなは、農林業被害対策の目的で事業者らみずから設置する場合は、狩猟免許や狩猟登録が不要な場合があります。

箱わなとの違いは天井が無いこと

　囲いわなは木材や金属のポールを支柱にして、その間を木材や金属板、厚手の布などで囲って作ります。囲いわなは壁を組み立てるだけで作れるので、拡張がしやすく、イノシシやシカが数頭入る3畳程度の物から、サッカーコートと同じ広さの物まで、その大きさは様々です。小さな囲いわなは箱わなのようにも見えますが、法律上、天井が無ければ囲いわなとして定義されています。

　また、囲いわなには、支柱の間に張ったネットを降ろしておき、ターゲットの群れがわなの中心に入ったら手動・自動でネットを引き上げるようにして囲い込む、アルパインキャプチャーと呼ばれるタイプもあります。

くくりわなを知ろう

くくりわなは、持ち運びしやすく、どんな獲物でもしとめることができる万能なわなです。しかし扱いが非常に難しいので、安全に狩猟をするためにも、正しい知識を持っておきましょう。

くくりわなとは？

　くくりわなは、獲物の通り道にワイヤーで作った輪（スネアまたは「輪索」）をしかけておき、獲物の足や首などをくくって捕らえるわなです。構成するパーツの組み合わせを変えることで、どんな獲物にも対応できる万能性を持っています。

くくりわなを構成する3つの要素

　くくりわなを構成する要素は、スネアを作り獲物を拘束するための『ワイヤー』、ワイヤーを締めるための『動力』、動力を起動させる『トリガー』の3つの要素に分けることができます。

ワイヤー
・針金
・ワイヤロープ

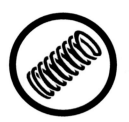

動力
・重力
・木のしなり
・自重
・バネ

トリガー
・踏板式
・割板式
・噛合式
・チンチロ式

2

わな猟具編

『ワイヤー』は噛まれても切れないワイヤロープが一般的

人類がいつごろからくくりわなを使っていたかは定かではありませんが、少なくとも小動物や鳥を捕獲するためのわなとして、太古の時代から存在していたと考えられています。原始的なくくりわなでは、植物のツタや木の繊維をより合わせて作ったワイヤーを使っていましたが、天然素材で作られたスネアは噛まれたり

木にこすられたりすると切れてしまうので、獲物の首や体を絞めあげて殺すように使われていました。

現在では、獲物を締めあげて殺すような強力な仕組みのわなは禁止されているため、ワイヤーには切れにくく耐久性に優れたワイヤロープが使われるのが一般的です。

『動力』は扱いやすいバネが主流

スネアを縮める動力には、高いところに設置したオモリや、曲げてしならせた木の枝、スネアに引っかかった獲物が暴れる力などがありますが、現在ではバネを使うのが一般的です。工業的に使われるバネには多くの種類がありますが、中でもわなに使われるバネは『コイルバネ』と呼ばれるものが主流で、大きく、押

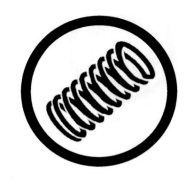

しバネ、引きバネ、ねじりバネの3タイプに分類されます。これらのバネは持ち運びが楽で、簡単に高エネルギーを蓄えることができ、さらに設置方法を工夫すれば、どんな方向からでもスネアを引き上げることができます。なお、現在でもバネの劣化が激しい海岸付近の土地では、動力として木のしなりや獲物の自重を利用することがあり、原始的な動力がまったく使われていないというわけではありません。

	オモリ	木のしなり	自重	バネ
特徴	高いところからオモリを落下させてスネアを引き上げる。	木の枝や幹をしならせて、弾性力でスネアを引き上げる。	スネアに引っかかった獲物が動くことでスネアが引き絞られる。	バネの弾性力を利用してスネアを引き上げる。
長所	重力を利用するので確実に作動する。	自然の中にある物なので入手が楽。	わながシンプルになる。『引き吊り式くくりわな』とも呼ばれる。	持ち運びが楽で、高エネルギーを蓄えられる。
短所	高いところにオモリを設置するのが手間。	張力を調整し辛い。へたりが大きい。	獲物がスネアに引っかかるように設置するのに、コツがいる。	錆びると動かなくなる。

『トリガー』は状況に合わせて選択する

動力を起動させるトリガーには、直接型と間接型に分かれ、直接型はさらに二重パイプ式、割れ板式に分類されます。直接型は動力からの力がワイヤーに直接かかっている方式なので、スネアが締まるスピードが速く、シンプルで設置しやすいのが特徴です。間接型はワイヤーの間にセットされた金具などが力を蓄えてお

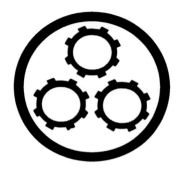

き、これが外れることによりスネアが締まる方式です。間接型は金具の種類により噛み合い式とチンチロ式に分かれます。間接型は直接型に比べて仕組みが複雑になりますが、蹴糸と呼ばれる糸を設置することでトリガーの位置や高さを自由にセットできるといった長所があります。

	直接型		間接型	
	二重パイプ式	割れ板式	噛み合い式	チンチロ式
特徴	動力の力が直接ワイヤーにかかる。		動力の力を受けた金具を外すと、ワイヤーに力が伝わる。	
	板を踏むと、フタが落ちるタイプ。	板を踏むと、フタが割れるタイプ。	削った木やカンチレバーなどの金具を使う。	釘や専用の金具を使う。
長所	シンプルな造りで安定性が高く、不発や暴発のリスクが低い。	感度が高く、素早く作動する。	感度が高く、素早く作動する。シンプルな仕組みで材料費が安い。	蹴糸を使ってトリガーの高さや位置を自由に決められる。感度の調整が簡単。
短所	板を埋めるために地面を深く掘らなければならない。	感度が高すぎると暴発する危険性が高くなる。	動力が強いと噛み合い部分が外れにくくなる。	事前に組み立てておくことができない。蹴糸の張り方や設置方法に慣れが必要。

くくりわなの規制

　くくりわなは法定猟具とされていますが、その中にもいくつかの制限が設けられています。くくりわなを安全に使う上でも重要なことなので必ず守りましょう。

1）31基以上の設置は禁止

　くくりわなに限らず、わなは一人の人間が管理できる範囲で、最大30基までしかしかけることができません。この"30基"というのはあくまでも目安で、特にくくりわなの場合はどこにしかけたか忘れやすいため、必要最低限にとどめるようにしましょう。また猟期が終わったらすべてを回収できるように、しかけた場所はメモしておくようにしましょう。

2）クマの捕獲禁止

　くくりわなを使ってクマ（ツキノワグマ、ヒグマ）を捕獲することは禁止されています。クマはわなにかかると狂暴化することが多く、くくりわなの場合ワイヤーを引きちぎってハンターに襲いかかる事件が過去に何度も起こっており、大変危険です。

3）短径が12cmより大きいスネアの禁止

　クマの捕獲禁止に関連して、スネアの直径はクマの足が入らないとされる12cmまでとされています。ただしクマの生息していない都道府県では、条例により12cmの規制が緩和されていることもあるので事前によく確認しておきましょう。またこの規制はスネアの"短径"が12cm以下なので、スネアの形を楕円に設置することもできます。

4）締付け防止金具が付いていないものは禁止

　スネアが締めこまれたときに、ストッパーとなる金具が付いていないくくりわなは禁止されています。これはスネアにくくられた状態で獲物が暴れると締め込みがきつくなり、窒息させたり足が切れたりするためです。獲物に無用な苦痛を与えてしまうことを防ぐため、止め刺しのときに足が切れて反撃を受けないようにするため、また錯誤捕獲の際は無傷で解放するためにも、すべてのくくりわなには締付け防止金具を付けなければいけません。

5）イノシシ・シカ用ではスイベルを付けないワイヤーは禁止

　イノシシやニホンジカを捕獲するくくりわなは、ワイヤーに"よりもどし"（スイベル）をつけておかなければなりません。スイベルはワイヤーがねじれる方向に力が加わったとき、回転してねじれないようにする部品です。ねじれたワイヤーは強度が弱くなるので、大型獣に対しては必須とされています。

6）イノシシ・シカ用ではワイヤー径が4mm未満は禁止

　イノシシ・ニホンジカ用のくくりわなでは、暴れてワイヤーが引きちぎられないように直径は4mm以上なければなりません。また法律の中では素材については触れられていませんが、強度と防腐性を持った亜鉛メッキ鋼、もしくはステンレスで作られたワイヤロープを使用しましょう。

7）道路などに到達する長さのワイヤーの使用禁止

　くくりわなに限らず、すべてのわなは道路上や公園などの人が行き来する場所にかけてはいけません。特にくくりわなの場合は、くくられた獲物が道路に飛び出しても『道路上にわなをしかけた』と判断される場合があるため、しかける前にワイヤーの長さを測って道路に届かないことを確認しておきましょう。

8）体を完全に浮かせてしまうような強力なわな

　鳥獣保護管理法では「人の生命、身体に重大な危害をおよぼすわな」は禁止されています。これはくくりわなにおきかえると、例えばあやまって人間がかかった場合、体ごと吊るし上げるような仕組みや、人の手では押し返させないほど強力なバネなどを使ってはいけないということです。また、イノシシやシカの足がくくられたとき、両前足、両後ろ足、もしくは体全体が浮き上がるようなくくりわなは"身体的な危害を加える強力なわな"と判断される場合があります。

9）その他、市区町村や地域のルールに従う

　法律や条例に明記されているわけではありませんが、わな猟には地域住民から『わなを使用しないでほしい』と要望が出ていることもあります。このようなローカルルールは、理解しておかないとトラブルの原因になるので、わなをかけようと思っている場所については、事前に必ず役所や支部猟友会に確認をとっておきましょう。

ワイヤー

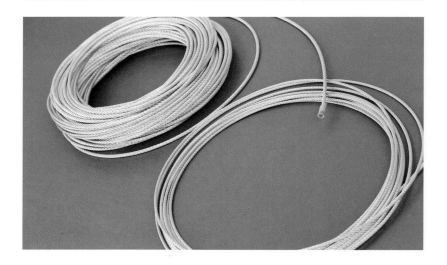

　くくりわなのワイヤーは、ただ強度があればいいというわけではなく、例えばスネアを綺麗に作ることができる加工のしやすさや、長期間土に埋めておいても錆びにくい耐久性、動力が加わったときに素早くスネアを締める柔軟性など、様々な要素が求められます。

くくりわなのワイヤーに必要な特徴

　くくりわなに使うワイヤーは、ホームセンターの園芸用品やDIY売り場などで購入できそうに思えますが、狩猟で使うワイヤーは一般的な用途で使用するワイヤーとは大きな違いがあります。例えば工事で使われるようなワイヤーは、物を吊り下げることが主な目的なので、基本的には吊り下げる最大の重さを示す"引張強度"だけに注意しておけば大丈夫です。しかしくくりわなでは、獲物はワイヤーを引っ張るだけでなく、噛みついたり、ネジったり、木に擦りつけたりと、想定もしない方向に負荷をかけるため、引張強度だけでは評価できません。またくくりわなは雨風が当たる野外に長期間しかけておくため、錆びにくい素材で作られていなければなりません。その他くくりわなのワイヤーとして必要な特性は次のようなことが考えられます。

特徴	くくりわなに必要な特徴
引張強度	引っ張る方向に対して十分な強さがあること
曲げ鋼性	曲げやねじれに対して十分な強さがあること
耐摩耗性	擦れに対して十分な強さがあること
耐腐食性	長期間土の中に埋めておいても錆びにくいこと
加工性	切ったり曲げたりする加工のしやすさがあること
値段の安さ	使い捨てができるぐらい頻繁に交換できること

ワイヤーの素材

　ワイヤーの素材には色々な種類があります。例えば綿や麻といった自然繊維から、ハンガーなどの日用品に使われる鉄、園芸品の針金としてよく使われるアルミニウム、工事現場で荷物を吊り下げるために使われる鋼（スチール）やステンレス、1mmほどの太さでバイク1台を持ち上げるほどの強度を持つタングステン、また金属に限らず、高い引張強度と柔軟性を持つ化学繊維（ポリマー）など様々です。このような中でわなのワイヤーとして使えそうな素材の特徴は次のようになります。

素材	鉄	アルミ	ポリマー	鋼	ステンレス	タングステン
引張強度	○	×	◎	◎	◎	◎
曲げ鋼性	△	×	◎	◎	○	◎
耐摩耗性	○	△	×	○	◎	◎
耐腐食性	×	◎	○	△	◎	◎
加工性	○	◎	◎	△	△	×
値段の安さ	◎	○	△	△	△	×

　現在くくりわなのワイヤーとしてよく使われている素材は、強度とコストのバランスが取れている鋼とステンレスです。ただし鋼はそのままの状態だと耐腐食性に問題があるので、亜鉛メッキと呼ばれる加工がされます。

亜鉛メッキ鋼線とステンレス線

　　亜鉛メッキ鋼は、鋼を亜鉛が溶けた液に漬けて電気を流し、表面に亜鉛を薄くコーティング（メッキ）した金属です。亜鉛は空気に触れると瞬時に錆びるので、中の鋼は空気に触れることがなくなり、錆びから守られるようになります。

　　対してステンレスは鋼にクロムを混ぜて作られる合金です。ステンレスも亜鉛メッキ鋼のように表面の薄い膜によって錆から守られていますが、ステンレスの場合は金属自体が膜を作るので、表面に傷が入っても膜が瞬時に回復するといった特徴を持っています。この2つの金属は工業規格によって色々な品質の物が作られていますが、くくりわなのワイヤーとして最適な品質の物で比較すると、両者には次のような違いがあります。

素材	亜鉛メッキ鋼	ステンレス（SUS304）
製法	鋼（炭素を含んだ鉄）を亜鉛の溶液に入れ、電気を使ってコーティングする。	鋼にクロムを加えて作る合金。含有比率によって様々な種類があり、SUS304はニッケルも添加される。
主な用途	金網や工事用など、特に雨風が当たるような野外で多く使われる。	建築物、電車や自動車、水道の蛇口や流し台など、特に水気が当たる場所で多く使われる。
引張強度	＞＞ （鋼の方が引っ張る力は強い）	
鋼性	＜ （ステンレスの方が粘りがある）	
耐食性	＜＜ （亜鉛メッキは剥がれると錆びやすくなる）	
加工性	＜ （柔らかい方がスネアを作りやすい）	
値段の安さ	＜＜ （ステンレスの方が約3倍高い）	

強度と柔軟性を両立させたワイヤロープ

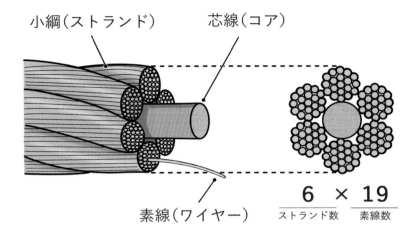

小綱(ストランド)　芯線(コア)

素線(ワイヤー)

$$6 \times 19$$
ストランド数　素線数

2

わな猟具編

　ウサギやイタチなどの小動物を捕獲するワイヤーは細い針金が使われますが、イノシシ・シカを捕獲するワイヤーは『直径4mm以上』という決まりがあるので、普通の針金では硬すぎて、とてもそのままでは使えません。そこでイノシシ・シカ用のワイヤーには、細い針金を何本もより合わせて作られたワイヤロープが使われます。

　ワイヤロープは、複数の金属ワイヤーをねじり合わせてストランド(小綱)を作り、さらに何本かのストランドを芯線(合成繊維や奇数ストランドの場合は小綱)を中心にねじり合わせて作られています。同一の直径におけるワイヤロープの特徴は、ワイヤーの数、太さ、ストランドの数によって次のように変わってきます。

構造	ワイヤロープとしての特徴
ワイヤー1本の太さ	太くなるほど強度が増すが、曲がりにくくなる
ワイヤーの数	多いほど柔軟性は増すが、摩耗に弱くなる
ストランドの数	多いほど強度は増すが、柔軟性は落ちる

ワイヤロープのキンク

　ワイヤロープは非常に高い引っ張り強度を持っており、くくりわなでよく使われる6×24の場合は1トン近い力に耐えることができます。しかし実際の狩猟では、わなにかかった獲物はワイヤーを"引っ張る"だけでなく、転げまわったり、木に巻き付いたり、ワイヤーをたるませたりと、引っ張る以外の方向にも力が加わります。このような力が加わったワイヤロープには、よじれ（キンク）が発生し、この部分でワイヤーは非常に切れやすくなってしまいます。

　ワイヤロープは素線を編む向きによってキンクのできにくさに差ができますが、キンクの発生を完全に防ぐような物は存在しません。キンクが発生したワイヤロープは使いまわさずに、必ず交換するようにしましょう。

スネアとリードのワイヤロープの違い

　イノシシ・シカを捕獲する用のくくりわなには、ワイヤロープの間によりもどし（スイベル）を装着する必要があります。このためくくりわなは構造的に、獲物を捕縛するスネアと、獲物を繋ぎとめておくためのリード（または根付）に分けることができます。

　スネアとリードのワイヤロープは同一の物を使っても良いですが、スネアは輪が締まりやすい物のほうが望ましいため、柔軟性のある素線が細い（素線数の多い）タイプが向いています。対してリード部は木などに擦りつけられることが多いため、素線が太い（素線が少ない）タイプが向いています。ただし、ワイヤロープの選択はわなの設計によっても変わってくるため、必ずしも上記でなければならないというわけではありません。本書では目安として、右表の組み合わせをオススメします。

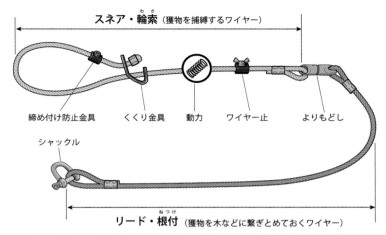

	スネア	リード
大型獣	ステンレス製 　φ4.0mm　6×24　7×24 亜鉛メッキ鋼製 　φ4.0mm　7×24 　φ5.0mm　6×24	ステンレス製 　φ4.0mm　7×19 亜鉛メッキ鋼製 　φ4.0mm 6×19 　φ3.5mm　6×24
中型獣	ステンレス製 φ1.5mm　7×7 φ2.0mm　7×7	
小型獣	ステンレス製 φ1.0mm　7×7	

安物買いに要注意！

　ワイヤロープは傷んだら交換しないといけないため、安い物を求める人が多いですが、それは危険です。一般的に安物のワイヤロープは素線の太さが不均一なため、ストランドを強く編み込むことができません。結果的にストランドがほつれやすい・キンクのできやすいワイヤロープになるため、くくりわなで使用する際は強度が大きく低下します。

　切れたら獲物から反撃を受ける危険性が高いくくりわなのワイヤロープは、いわばバンジージャンプの"命綱"のような物です。ワイヤロープは安さよりも品質を重視し、実績のあるメーカーから専用品を購入するようにしてください。

バネ

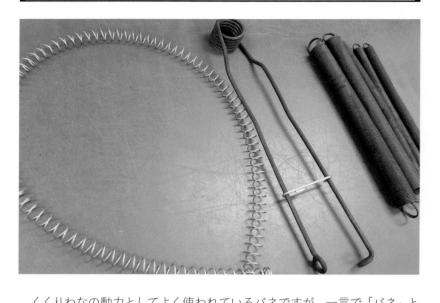

　くくりわなの動力としてよく使われているバネですが、一言で「バネ」と
いっても用途に応じて色々な特性の物があります。ここでは狩猟目的で使
うバネにはどのような特性が必要なのか詳しく見ていきましょう。

3種類のコイルバネ

　バネには用途に応じて色々な種類があります。例えば"板バネ"と呼ばれ
るバネは木材や金属を曲げたときに戻る復元力を利用しており、弓や原始
的なくくりわなにも応用されています。時計やオモチャの動力として有名
な"ゼンマイ"もバネの一種で、金属の薄いヒモを渦状に巻いたときに生ま
れる『元の直径に戻ろうとする力』を利用しています。その他、バネは私
たちの生活のいたるところで使われていますが、中でも一般的に使われて
いるのが金属を円柱型に巻いた"コイルバネ"です。

　コイルバネにはさらに、押し返す力を利用する"押しバネ"、引っ張り返
す力を利用する"引きバネ"、ねじれを戻す力を利用する"ねじりバネ"の3
種類あり、それぞれ次のような特徴を持っています。

押しバネ

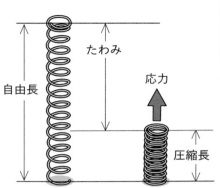

たわみ

自由長

応力

圧縮長

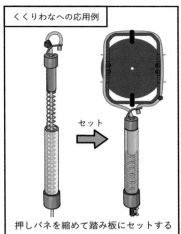

くくりわなへの応用例

セット

押しバネを縮めて踏み板にセットする

2

わな猟具編

　押しバネ（圧縮コイルバネ）は、金属ワイヤーを隙間（ピッチ）を挟んで円柱状に巻いて作られたバネです。"押し返す"方向に力がかかるので、ボタンのスイッチや、機械の押し出し部品、車のサスペンションなど、あらゆる用途で利用されています。

　くくりわなへの応用としては、押しバネを筒状の容器に詰めて"パッケージ化"したものがよく用いられます。パッケージ化した押しバネ式くくりわなは、あらかじめ自宅でセットしておくことができ、さらにコンパクトで大量に持ち運ぶことができるので、短時間で広範囲にしかけることができます。

猟具としての特徴	
長所	飛び上がるように動くので足の高いところをくくれる。 値段が安い。
短所	パッケージ化しておかないと使いにくい。 獲物に引っ張られると変形しやすい。

引きバネ

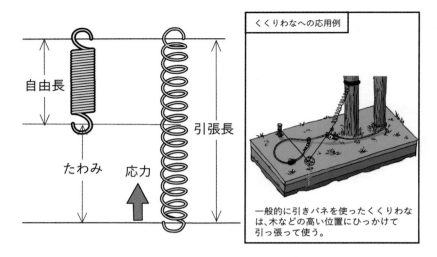

自由長

引張長

たわみ　応力

くくりわなへの応用例

一般的に引きバネを使ったくくりわな
は、木などの高い位置にひっかけて
引っ張って使う。

　引きバネ（引張コイルバネ）は、隙間ができないように金属ワイヤーを密着させて巻いたバネです。"引き返す"方向に力がかかり、押しバネよりもサイズが小さくなるため、電子機器内などの狭いスペース内などでよく使用されています。

　くくりわなとしては、スネアに引きバネをひっかけておき、木などの高い所に設置します。動力を空中にセットするので、押しバネのように地面を掘らなくても設置できるという大きなメリットがあります。

猟具としての特徴	
長所	コンパクトに収納できるで持ち運べる量が多い。 空中に設置することができるので穴を掘らなくていい。
短所	トリガーや蹴糸の設置にコツがいる。 立木があるポイントにしかしかけられない。

ねじりバネ

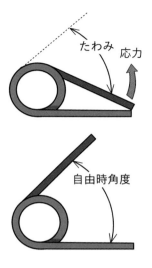

くくりわなへの応用例

一般的にねじりバネを使ったくくりわな
は、地面に埋めておき、獲物の足を引き
上げるように使う。

　ねじりバネ（トーションバネ、キックバネ）は、金属を円筒状に巻いて
両端を"腕"として伸ばしたバネです。"巻き込まれた方向に開く"ように動
くため、ハサミなど閉じた刃を開くような用途で利用されます。

　くくりわなとしては、2本の腕にスネアを固定して地面に埋めて設置しま
す。わな用の特殊な設計として、両方の腕が少し内側に曲げられており、
合わせたときに腕の先が真っすぐにかさなるようにできています。

猟具としての特徴	
長所	パワーが強く立ち上がりが早い。 バネの線径が太いため、破損しにくく再利用ができる。 単純な構造なので設置が簡単。
短所	かさばるので持ち運びにくい。 横幅が広いので狭い土地に設置しにくい。 値段が高い。

くくりわなの動力として必要なバネの特性

　コイルバネはボールペンからロケットまで、あらゆる用途で使われていますが、それではくくりわなの動力としてはどのような特性が必要なのでしょうか？まず一番初めに考えられるのが、スネアを引き絞るための"たわみ量"です。バネは通常の状態から、力を加えられて変形した長さ（たわみ）までしか動きません。よって、少ししか変形をしないバネは、スネアを十分に引きしぼることができないので、くくりわな用のバネには向いていません。

　さらに"パワー"があることも重要です。特にイノシシ・シカ用のスネアの場合はワイヤロープの直径が4mm以上あるため、パワーが無いとスネアが締まりきらずに緩んでしまいます。ただしバネが強力過ぎると設置しづらくなるため、人の手で取り扱える程度の物でなければなりません。

　またバネは使っているうちに必ず"へたり"が生じます。長ければ猟期の初めから終わりまで、約3か月間も野外に設置しておかなければならないので、なるべくへたりの少ない品質の物を選ばなければなりません。

　その他、くくりわなのバネに必要な特徴としては以下のことが考えられます。

特徴	くくりわなに必要なバネの特徴
たわみ量	バネが変形する最大の長さ。押しバネの場合は伸びる長さ、引きバネの場合は縮む長さ、ねじりばねの場合は腕が弧を描く長さ。バネのたわみはスネアを引きしぼる長さと同じになるので、十分な長さがないと獲物の足からスネアが抜けてしまう。
張力	最大まで圧縮（押しバネ・ねじりバネ）もしくは引張（引きバネ）されたときにバネが出す力。バネの張力はスネアを引き締める力と同じなので、十分な力がないとスネアがしっかり締まらない。
耐食性	長期間野外に出していても錆びにくいこと。
耐へたり性	バネを使い続けていると元に戻らなくなる"へたり"の現象を抑えること。
値段の安さ	使い捨てができるぐらい頻繁に交換できること。

コイル径とたわみ

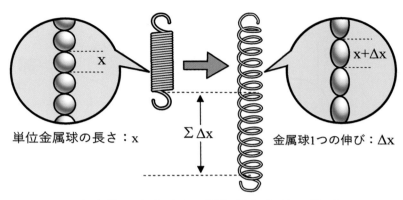

単位金属球の長さ：x

ΣΔx

金属球1つの伸び：Δx

バネ全体のたわみは、単位長あたりの伸びΔx
を、全長分で足し合わせた長さ（ΣΔx）

　バネのたわみは、『バネを造っているワイヤーの長さ』が長いほど、たわ
みも大きくなります。これはバネを小さな金属球の集まりだと考えてみる
と、引っ張られたときに金属球1つ1つが伸びる長さ（Δx）を、バネ全体
の長さで総和した長さ（ΣΔx）が、全体の"たわみ"になるためです。

　ただし、まったく同じ長さの金属線を使っていても"コイルの直径"が大
きくなるほど、金属球は横方向に伸びていくため、縦方向のたわみは小さ
くなります。

　よって引き絞るくくりわなのスネアを大きくするためには、構成する金
属線の長さが長く、コイルの直径が狭い『縦方向に長いバネ』を使う必要
があります。

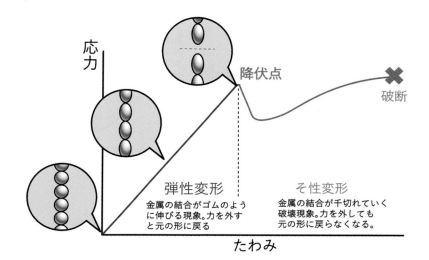

応力

降伏点

破断

弾性変形
金属の結合がゴムのように伸びる現象。力を外すと元の形に戻る

そ性変形
金属の結合が千切れていく破壊現象。力を外しても元の形に戻らなくなる。

たわみ

　バネのたわみは、加える力を大きくすればするほど長くなりますが、ある一定の長さまでたわむと、バネが元の形状に戻らなくなる『そ性変形』という現象が起こります。バネを微小な金属球の集まりと考えてみると、伸びたバネが元に戻る『弾性変形』は、金属球自体が伸びる現象なのに対し、そ性変形は隣り合う金属球同士のつながりが千切れて破壊されていく現象になります。

　バネがそ性変形を起こして元に戻らなくなる力と、ひずみの釣り合う大きさは"降伏点"と呼ばれ、金属素材の引張り強さ（金属球同士がつながっている力の強さ）によって変わってきます。どのような素材がわな用の素材としてベストなのかは、金属への添加物や製法によっても変わってきますが、一般的にはステンレスのような固い金属は降伏点が低く、ピアノ線のような粘りのある金属は降伏点が高くなります。

コイル径と変形

　また、降伏点はコイルの直径が狭いほど低くなります。これはバネを金属球の集まりとして考えた場合、コイルの径が小さくなるほど"歪み"が大きくなり、金属球の繋がりが切れやすくなってしまうからです。つまり、バネのコイル径は『大きすぎるとたわみが少なくなり、小さすぎると壊れやすくなる』ということになります。

素線の太さと張力

　バネは単純に、構成する金属線（素線）が太くなるほど張力は大きくなります。わなの動力として使うバネは、地面がカチカチに凍っていたり、落ち葉や泥がトリガーなどに詰まっていたりしても、力強くスネアを引き絞ってくれるパワーが欲しいので、できるだけ線形の太いバネが求められます。

　しかし実際の問題として素線が太すぎると、バネ自体が重くなるので持ち運ぶのが大変になります。また、強すぎるバネはしかけるのが大変になるので、線形の太さは、わなをしかける人の体格などに合わせて選ばなければなりません。

加工精度とへたり

　わなに使うバネで重要となる要素に"へたり（クリープ）"があります。へたりはバネに荷重（降伏点よりも小さな力）をかけ続けていると元に戻らなくなる現象で、へたりやすいバネをわなに使うと獲物がトリガーに引っかかってもバネが作動せず不発に終わってしまいます。金属がへたるメカニズムは複雑ですが、主に造りの不均一により、局所的に力が集中して、目には見えない微小な傷（クラック）が発生するためとされています。すなわち、へたりの少ないバネは、製造の精度や、金属素材に不純物が少なく品質のよいものを選べばよいことになります。ただしこのようなバネは必然的に値段が高くなります。

2

わな猟具編

コイルバネの特徴のまとめ

　ここまででバネの特徴について説明してきたことを下表にまとめます。く
くりわなの動力として最適なバネは、『木からぶら下げて設置するか・地面
に埋めて設置するか』、また地面に埋める場合でも『土は柔いか・固いか』、
引き絞るワイヤーは『太くて重いか・細くて軽いか』、など様々な条件によ
って変わっていきます。よってバネは、万能に扱えるというのはなく、ハ
ンター自身が考えて最適な物をチョイスしなければなりません。

特性		長所	短所
素線長	長い	たわみが大きくなるので、スネアを大きく作れる。	わなが大型化するので、地面を深く掘ったり、広く掘ったりしなければならず、設置がしづらくなる。
	短い	わながコンパクトになるので設置しやすくなる。	たわみが小さくなるので、スネアを大きく作れなくなる。
コイル径	広い	張力の限界が大きくなる。（そ性変形しにくい）	張力が小さくなる。また、設置しにくくなる。
	狭い	張力が大きくなる。また、設置しやすくなる。	張力の限界が小さくなる。（そ性変形しやすい）
素線径	太い	張力が大きくなる。	わなが重量化するので、持ち運びしにくくなる。
	細い	わなが軽量化されるため、持ち運びしやすくなる。	張力が小さくなる。
材質	硬い	張力が大きくなる。	張力の限界が小さくなる。
	柔い	張力の限界が大きくなる。	張力が小さくなる。
品質	精密	へたりが小さくなる。	値段が高くなる。
	粗雑	値段が安くなる。	へたりが大きくなる。
巻き数※	多い	そ性変形しにくくなる。	張力が小さくなる。
	少い	張力が大きくなる。	そ性変形しやすくなる。

（※ねじりバネの場合）

オススメのくくりわな用バネ

　バネは、欲しいたわみ量と張力、自由長などを決めておけば、金属メーカーから出された素線の各種パラメーターを使って設計することができるので、ベテランハンターさんの中には自作でバネを作っている人もいます。しかし専用工具を持っている人でもなければ、バネの自作はとてもコストと手間が見合わないので、一般の方は既製品を購入した方がよいでしょう。

　くくりわな専門メーカーのオーエスピー商会で販売されている物で、イノシシ・シカ用ワイヤー（ステンレス製φ4.0mm、7×24、スネア径：12cm）、を一般的な森林土に埋めて使うとした場合、おすすめされているバネは次のようになります。

押しバネ（品名：S-1 / 1100）	
	素材　　　：ステンレス 自由長　　：1100mm 全圧縮長　：300mm コイル径　：12mm 全圧荷重　：14.8kg

引きバネ（品名：B-2）	
	体長　　　　：300mm 最大引張長：1700mm コイル径　　：30mm 最大引荷重：9.0kg

ねじりバネ（品名：C-1 先端丸 l800）	
	全長　　：800mm 線径　　：6.0mm コイル径：50mm 巻き数　：5巻

トリガー

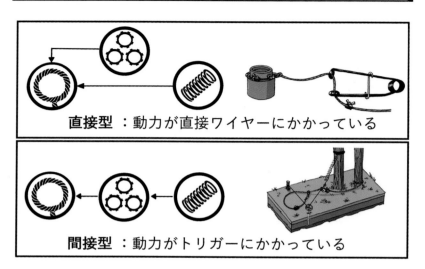

直接型 ：動力が直接ワイヤーにかかっている

間接型 ：動力がトリガーにかかっている

　わなのトリガーには大きく直接型と間接型があります。実際のしかけ方などは3章で詳しく解説するとして、ここではトリガーの原理について詳しく見ていきましょう。

直接型トリガー・間接型トリガー

　直接型と間接型のトリガーの大きな違いは、動力がかかる順番です。まず直接型は、初めからスネアに動力がかかっており、トリガーを外すことでスネアを締めるタイプです。

　直接型の長所は、スネアとトリガーが同じ位置にあるため、獲物がトリガーを起動させた瞬間にスネアが獲物をくくることができます。本書では直接型トリガーの代表例として、二重パイプ式、割れ板式、跳ね上げ式の3種類を解説します。

間接型は、トリガーに動力がかかっており、トリガーが外れると動力の力がスネアに移って締め上げるタイプです。間接型の長所は、スネアの位置を自由に配置することができることです。直接型より構

造が複雑になるといったデメリットがありますが、スネアを空中に設置したり、円形以外の形にできたりと自由度が高いトリガーです。間接型トリガーの代表例として、本書では噛み合い式と、チンチロ式の2種類を解説します。

トリガーには計算された"あそび"が必要

トリガーは精密につくるほど獲物を捕獲できる確率が上がります。しかし、わなは"真冬の野外"という厳しい環境で使うため、例えばトリガーの隙間に泥や砂が詰まったり、霜が降りて凍結したりと、様々な外乱が発生します。そのため、室内での実験でうまく起動したトリガーでも、実際に使用してみると、『獲物がトリガーを踏んだのに起動しなかった』という"不発"や、水分を含んだ泥や雪の重さでトリガーが勝手に落ちる"暴発"といったトラブルが発生する可能性があります。

このようなトラブルを防ぐために、トリガーにはある程度のガタつきや隙間、強度やたわみの余裕といった"あそび"が必要になります。あそびはトリガーの種類によって異なりますが、イメージとして、

わなのトリガーは「キツキツにしない」、「ギリギリにしない」、また、調整荷重は「ちょっと重めにする」と意識してください。

『二重パイプ式』直接型トリガー

　直接型トリガーの一種である二重パイプ式は、外筒の中にフタの付いた内筒が入った二重の構造になっており、外筒を地面に埋めて、その中にスネアを取り付けた内筒をはめ込みます。獲物が内筒の板を踏み、垂直に落ちるとバネが飛び上がりスネアが締まる仕組みになっています。

　二重パイプ式は外筒がガイドの役割を持っているので、獲物がどんな方向から踏んでも高い確率で作動するといった長所があります。

　ただし、地中を深く掘らないといけないため、設置に手間や、周りの土になじむまで時間がかかるといった短所もあります。

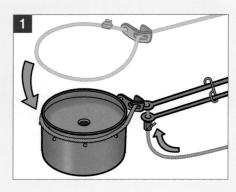

1 フタが付いた内筒にスネアをかける。ワイヤー止を押し上げながらバネにテンションを加え、スネアが内筒をしっかりと締めるようにする。

穴を掘って外筒を埋める。

埋めた外筒にスネアの付いた内筒をはめ込み、フックを外してセッティング完了。

獲物が内筒のフタを踏むと、内筒が落ちてバネが跳ねあがる。内筒からスネアが外れ、獲物の足をくくる。

2

わな猟具編

『割れ板式』直接型トリガー

　割れ板式は同じ形の2枚の板をスネアで縛って固定した構造になっており、獲物が踏むと真ん中から割れてスネアが獲物の足を締めつけます。このトリガーは、割れ目に少しでも力がかかると作動するため、獲物が触れた瞬間に作動するといった高感度性を持っています。ただし、あまりにも作動が早すぎると獲物の爪先をくくってしまうため、実際に設置する場合は板の裏側に細い棒を張り付けて、トリガーを重くして使います。

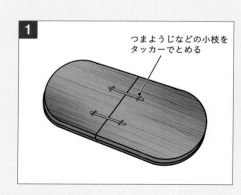

1

つまようじなどの小枝を
タッカーでとめる

半分に切った円い板を合わせて、背面に爪楊枝を数本、タッカーで打ちつける。
板の側面には、スネアが滑らないように溝を付けておくとよい。

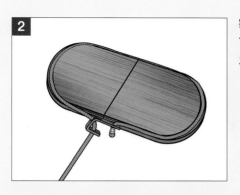

2 割れ板にスネアをひっかけて、バネでテンションを加えて締め付ける。

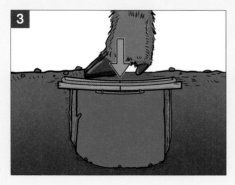

3 浅く地面を掘って埋める。踏板の周囲は棒などで支えておくとよい。

4 獲物が体重をかけると、背面の爪楊枝が折れて板が割れる。スネアのテンションが解放されて獲物の足をくくれる。

2

わな猟具編

『跳ね上げ式』直接トリガー

　跳ね上げ式（または踏み上げ式）トリガーは、地面に埋めた外筒に踏板を被せる構造になっています。この構造自体は二重パイプ式と同じですが、最大の違いは踏板の部分に"可動式アーム"が付いており、獲物が踏板を踏むとアームがスネアを持ち上げるように動きます。この動きにより、跳ね上げ式トリガーは二重パイプや踏板式よりもスネアを足の高い位置に上げることができます。しかし、可動部が多いため、長く埋めていたり凍結をするような土地では不発や暴発が起こりやすいといったデメリットがあります。

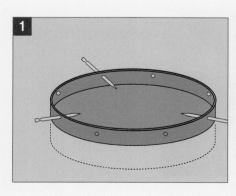

1 外筒の上側を1cm程度露出させるように埋めて、側面に開いている穴に爪楊枝を刺す（目安は3本。爪楊枝を多く刺すほど耐荷重が上がる）。

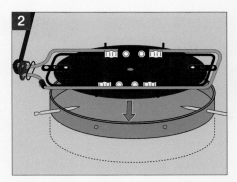

踏板のアームにスネアを引っかけて、バネ（ねじりバネ・押しバネどちらでも可）のテンションをかける。この状態で外筒の爪楊枝に置くようにセットする。

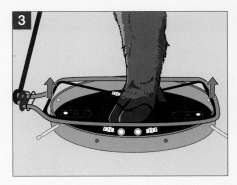

獲物が踏板を踏むと、アームが外筒に押されて少し持ちあがる。アームが上がるとスネアはバネの力で締まりはじめる。

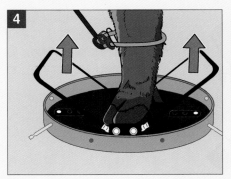

スネアが締まって行くと、同時にアームが上に引っ張られて「逆ハの字」に動く。結果的にスネアは、獲物の足の高い位置をくくる。

2

わな猟具編

『噛み合い式』間接型トリガー

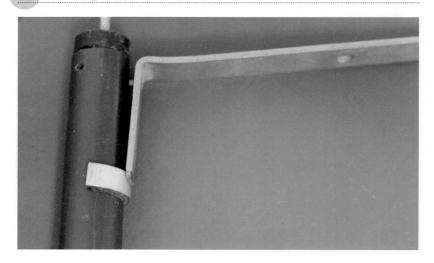

　間接型の一種である噛み合い式は、動力に"つっかえ"を作り、引っ張って外すトリガーです。銃の引き金など一般的に「トリガー」と呼ばれるタイプはこの仕組みで、わなに限らず色々な場所に使われています。噛み合い式はその単純さから、枝を削るなどで簡単に自作できるため、海外ではリスやネズミを捕獲するサバイバルのわなでよく使われています。

1

木の棒を2本用意して、それぞれの先を「フ」の字になるように削る。動力が弱い場合は「ク」の字にしてもよい。

木のしなりなどの動力の先にヒモを結び、削った棒を結びつける。
もう一本の棒は地面などに突き刺して固定する。

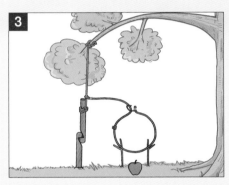

動力に結びつけられた棒にスネアを取り付ける。

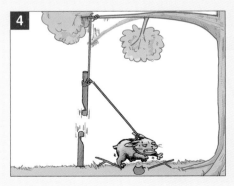

スネアの前に餌を置いておく。獲物が首を入れて引っ張ると、かみ合いが外れて動力が起動する。このときワイヤーは首にひっかかるだけで、吊るし上げたり、絞め殺したりしてはいけない。

2
わな猟具編

『チンチロ式』間接型トリガー

　チンチロとは、噛み合い式トリガーが1点で力を受けているのに対し、2点で動力を支えるタイプのトリガーです。語源については不明ですが、おそらくトリガーが引かれたときに噛み合いが2か所外れて「ちん、ちん！」と音がなることに由来していると思われます。

　チンチロ式の最大の長所は2か所で荷重を支えるため、噛み合いを外す力が小さくなることです。このため、強力なバネや大型箱わなの重い扉を動かすトリガーとして、主にイノシシ・シカ用のわなで使われています。

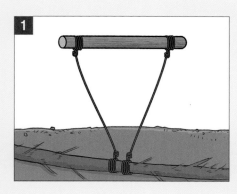

木の根などに針金を巻き付けて、棒の両端に結び付ける（アンカー）。

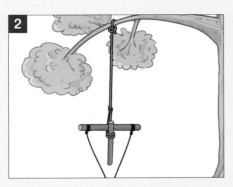

2 枝（チンチロ）の先端より
やや中央付近にロープを結
ぶ（ちちわ結び）。
チンチロのもう一端は、木
のしなりなどの動力に結ぶ。
チンチロをアンカーの裏か
ら通して、端をひっかける。

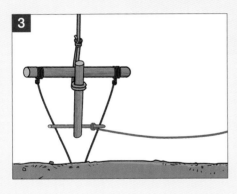

3 アンカーの針金の間に細い
棒（トリガー）を刺して、
チンチロが動かないように
セットする。
トリガーの端に細いヒモ
（蹴糸）を結びつける。

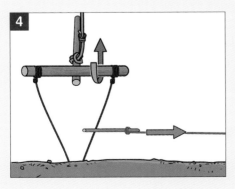

4 蹴糸がひっぱられると、チ
ンチロがトリガーとのかみ
合いを支点にして半回転し、
動力のテンションが解放さ
れる。

2 わな猟具編

専用金具を使ったチンチロ式

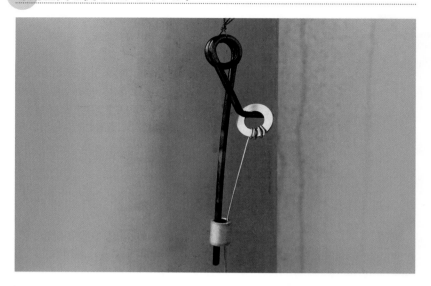

　チンチロ式は、動力の力を分散して感度を高くすることができるため、古くから使われていたトリガーですが、現在の狩猟ではさらに『てこの原理』を利用して、トリガーをより軽くする"チンチロ金具"がよく使われます。

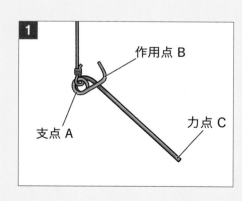

L字型になっているチンチロ金具の曲がった部分を支点（A）、短腕を作用点（B）、長腕を力点（C）とする。

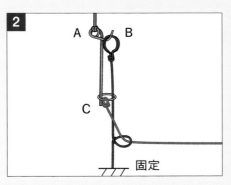

（A）に動力から引っ張られる力がかかっている状態で、（B）をアンカーにひっかけ、さらに（C）にリングを噛まして固定する。このとき動力からの力は、（B）と（C）で支えられており、さらにてこの原理により（C）にかかる力は（B）よりも小さくなる。

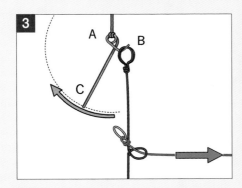

蹴糸などで（C）のかみ合いを外すと、支点（A）が引っ張られる。このとき金具は（B）ともかみ合っているため、弧を描くように回転する。

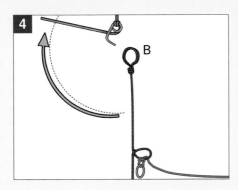

回転角が大きくなると（B）とのかみ合いが外れる。

2

わな猟具編

くくりわなを自作する

くくりわなは、ワイヤー・バネ・トリガーがセットになった状態で市販されていますが、それぞれのパーツを購入して自作することもできます。

わなを自作するための工具

くくりわなを自作する場合は、まず資材と工具をそろえましょう。資材はホームセンターでも購入できますが、できる限りわな専用店で購入しましょう。特にバネやワイヤロープは、耐久性や安全性の面を考えて、わな専用に開発されたものを使いましょう。

工具類はシェアがよい

くくりわなを自作するために必要となる工具には、スエージャカッターや電動ドリルなどがあります。これらの工具を一式そろえると5万円近くか

かるので、同じくわな猟に興味がある人たちとお金を出し合って工具をシェアリングするとよいでしょう。

　これまでDIYに縁がなかった人は、工具の取り扱いには十分注意しましょう。電動ドリル一つにしても、取り扱いに慣れていないと、ドリルの先がナメて使い物にならなくなったり、緩んで刃先が飛んで行ったりする事故もおこります。よって工具を扱いなれていない人は、必ず詳しい人に指導してもらいながら、わなの自作に挑戦しましょう。

初めはセットわなで。慣れてきたら改造を

　くくりわなは、自分がわなをかける環境に合わせて自作することが一番ですが、初心者のころは『何が良くて、何が悪いのかわからない』といった状況のはずです。そこでまずは1から自作するのではなく、わな専門メーカーで取り扱っている"セットわな"から始めるとよいでしょう。セットわなは説明書が付いているので、初めのうちはその内容に従ってわなをしかけてみてください。しばらく使い続けていると、自分のスタイルに合わない不都合な部分が見つかってくるはずなので、そのときは自分で部品をチョイスし、使いやすいようにカスタマイズをしていきましょう。初めはメーカーが作ったセットわなだったとしても、数回改良を重ねれば、それはあなたの名前を冠した立派なオリジナルわなです。

資材はわな専門店で

　くくりわなの資材や工具類はホームセンターや100円ショップで揃えることができますが、特にバネやワイヤロープといったコアな資材は信用できるわな専門店で購入しましょう。オーエスピー商会では、くくりわな専用に開発したバネやワイヤロープを取り扱っており、ショッピングサイト上から購入することもできます。またホームセンターなどで購入できる資材であっても、「広い売り場の中から探し出すのは面倒くさい！」と思われる方は、ショッピングサイトで一括購入するとよいでしょう。

スエージャカッター

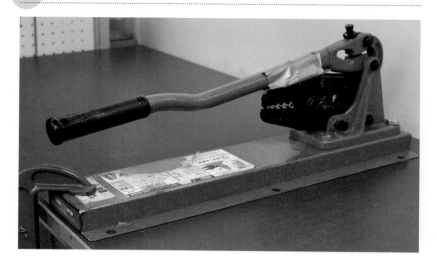

　スエージャカッターは、ワイヤロープを切断したり、スリーブと呼ばれる金属部品を圧着したりする工具です。ワイヤロープを切るだけなら大型のペンチやボルトカッターでも良さそうに思えますが、ワイヤロープは細い針金の集まりなので素線が1本でも残ると切りはなすことができません。よって確実にすべての素線を切ることができる専用のカッターが必要になります。

　スエージャカッターは、手に持って使うハンディタイプと、机において使う卓上タイプがあります。ハンディタイプであれば、猟場でワイヤロープの加工ができるので便利ですが、机などに固定して使う卓上タイプのほうが作業がしやすいので、こちらのほうがオススメです。ワイヤロープを切断する工具には、片手で持つワイヤカッターがありますが、これ

は獲物がわなにかかってグチャグチャになったワイヤロープを切断する用途で使用する物なので、わなを製造する用途には向いていません。

電動ドリル

ドリルドライバは、刃先（ビット）を交換して開ける穴の大きさを変えることができる電動工具です。コンセント式と充電式がありますが、自宅でわなを組み立てるだけならコンセント式の方が安く、2,000円程度で手に入ります。ビットは、ネジの下穴を開ける用に1.2mmと、ワイヤロープを通す穴を開けるために6.0mm

の2種類は持っておきましょう。電動ドリルを買ったらセットでビットが付いてくることもありますが、無ければホームセンターで購入しましょう。

電動工具の扱いに慣れていない人は、塩ビ管が飛んでしまったり、ドリル先が折れたりと苦労すると思います。そのようなときは、穴を開ける部分に釘（ポンチ）を当ててハンマーで叩き、ドリルをゆっくり回転させながら穴を開けていきましょう

塩ビカッター・パイプカッター

塩ビカッターは、押しバネ式の筒に使う塩化ビニル製のパイプを切るための工具です。塩ビパイプを切るだけならノコギリでも可能ですが、塩ビ管をしっかりと固定しておかないと切りにくいうえ、切り口がガタガタになって不格好です。管に挟んでクルクル回しながら切るパイプカッターなら1,000円程度で売っているので、専用の工具を利用しましょう。

2
わな猟具編

ワイヤー用の素材

　くくりわなに使うワイヤーは、獲物をつなぎとめておく重要なパーツなので、必ずわな専用品を使うようにしましょう。くくりわなにはすべて締め付け防止用のワイヤストッパーを、イノシシ・シカ用のワイヤーにはワイヤストッパーに合わせてスイベルも必ず付けないといけないので、忘れないようにしましょう。

スリーブ

　スリーブは、ワイヤロープの先端に取り付けて末端のほつれを防いだり、ループを作るための素材です。種類はメーカーや用途によって色々ありますが、主に先端のほつれ防止用に使うシングルスリーブ

Sスリーブ

Wスリーブ

（Sスリーブ）、ループを作るダブルスリーブ（Wスリーブ）、くくり金具の末端加工を行うWスリーブハーフの3種類を使います。

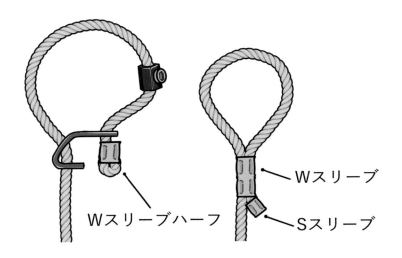

WスリーブハーフWスリーブSスリーブ

　スリーブはワイヤロープを加工するときの"かなめ"になるので、すっぽ抜けないように確実に圧着しなければなりません。スエージャはスリーブの大きさによって、かしめる位置が違うので注意しましょう。基本的にはスエージャのかしめる位置とスリーブの大きさの関係は付属の説明書にかいてあるので、それに従うだけでいいのですが、電工用スリーブや海外製のスリーブによってはサイズが同じでも穴の径が違ったり、肉厚が違ったりと少々"やっかい"です。そこでスリーブはスエージャを購入したお店で、相性が確認されている物をセットで購入しましょう。

　Sスリーブはワイヤロープの末端処理だけでなく、部品同士の隙間を作るスペーサーとしても利用できます。引きバネ式のトリガーに利用したり、スネアに入れて"コロ"として使ったりと応用範囲が広いので、予備は多めに持っておきましょう。

くくり金具

　獲物をくくるスネアには、
『くくり金具』と呼ばれる専用
の金具を使います。

　くくり金具は、スネアが絞
め込まれた際に、スリーブで
確実に止まるように作られて
います。また、獲物がワイヤ
ロープを引っ張ると変形して

伸びる性質を持っており、これによりスネアが緩まないような仕組みにな
っています。このくくり金具はスネアが引っ張られたときに伸びないと、ワ
イヤロープとの接触面が擦れて切れやすくなってしまうので、ステンレス
や焼きの入った鋼などの硬い金属はオススメできません。また、一度曲が
ったくくり金具は耐久力が低下するので、曲げなおして再利用は控えましょ
う。曲がったくくり金具は大物をしとめたことの証拠なので、記念に取
っておきましょう。

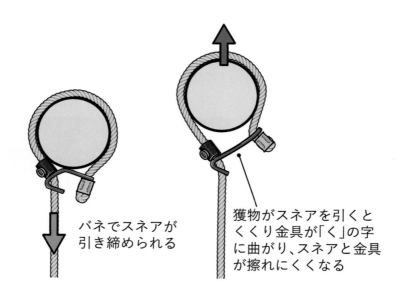

バネでスネアが
引き締められる

獲物がスネアを引くと
くくり金具が「く」の字
に曲がり、スネアと金具
が擦れにくくなる

ワイヤストッパー

　ワイヤストッパーはネジを締めこんで固定する金具です。くくりわなでは、スネアの過度な締め付けを防止する"締め付け防止金具"としての用途と、ワイヤーの位置決めやバネのセッティング時の支点としての用途、また、引きバネ式でワイヤーを地面に固定しておく用途などで使われます。

　ワイヤストッパーは締め付けるネジ部の仕組みによって、ボルト式、イモネジ式、蝶ネジ式の3種類があります。それぞれ次の用途で使い分けます。

　なお、締付け防止金具としてワイヤストッパーを使用する場合は、工具を使ってしっかりと取りつけましょう。特に大型のイノシシの場合、加速の付いた突進を繰り返すことで締付け防止金具が緩んでしまうことがあります。六角ボルトは失くしやすいので、予備を含めていくつか所持しておきましょう。

	**ボルト式** 六角穴付きボルトで締めこむタイプ。スネアの締め付け防止金具や、引きバネ式のワイヤー固定に用いる。ネジ頭が大きいので強く締め付けることができる一方で、突起ができるためスネアの締まる速度が遅くなるデメリットがある。
	イモネジ式 六角穴が付いたイモネジと呼ばれる埋め込み式のネジで締め込むタイプ。突起が小さいためスネアが締まる速度が速くなるメリットがあるが、工具穴が小さいため締め付け強度が弱くなりやすい。
	**蝶ネジ式** 指で回して締め付けるタイプ。圧縮したバネを固定しておく用途で用いられ、操作しやすいように蝶ネジが2つ付いたタイプもある。締付け防止金具としても利用できるが、突起が大きいためオススメできない。バネを止めておく『ワイヤー止』として利用するのが一般的。

スイベル

スイベルはワイヤー同士をつなぐための金具で、くくりわなではスネアとリードを連結するために使います。ワイヤーと同じ負荷がかかる部分なので、しっかりとした品質の物を使いましょう。

素材は腐食の少ない真ちゅう製やニッケルメッキ製を使い、サイズはワイヤーの径に応じて次の物を選びましょう。

ワイヤー径	φ5mm	φ4mm	φ4mm未満
スイベルの径	φ14mm	φ12mm	φ10.5mm

ワッシャ

ワッシャは、強い力が加わり続ける部分や、「ガツン！」と衝撃が加わる部分に挟んで、部品が壊れないようにするための金具です。くくりわなでは、くくり金具と押しバネ式の塩ビ管の間や、くくり金具とねじりバネの腕の間、塩ビ管とワイヤー止の間など、色々な部分に挟み込みます。

ワッシャのサイズは、ワイヤー径に応じて次の物を選びましょう。

ワイヤー径	φ5mm	φ4mm	φ4mm未満
ワッシャの径	M6	M5	M3

滑車

滑車は力の強さや、力がかかる方向を変えるための道具で、くくりわなでは引きバネ式でスネアをスムーズに引き上げるためや、蹴糸の高さを変えるときなどに利用します。

「滑車」といえども、世の中には様々な種類がありますが、くくりわなでは小さな"豆滑車"と呼ばれるタイプが使われます。豆滑車はホームセンタ

ーなどで売っていますが、工業用の品質がよい物は1つ1,000円以上もするので買いそろえるのは大変です。そこで、1つ50円程度のわな専門店のオリジナル品を利用するのがオススメです。

楕円リング

必須の材料ではありませんが、スネアが締まる速度を向上するために、楕円リングが使われることがあります。楕円リングは、くくり金具の先に設置することで、くくり金具の穴を通るワイヤロープの摩擦を小さくすることができます。

2 わな猟具編

トリガー用の素材

　トリガーはアイディアによって人それぞれなので、「これでなければいけない！」といった決まりはありませんが、本書では二重パイプ式とチンチロ式の2種類のトリガーについて基本的なものを解説します。

ピン

　ピンは細い金属棒で、チンチロ式のトリガーや、押しバネ式の安全装置などに使います。太さや長さ、用途が様々なので万能に使えるピンというのはありませんが、100円ショップに売っているステンレス製の釘セットを買っておけば、とりあえず何とかなります。

　押しバネ式の安全ピンとして釘よりも扱いやすい物が必要なら、わな専門店で専用のピンを購入するとよいでしょう。焼きが入った鋼でできているので、硬くて歪みが少なく扱いやすいです。

リング

チンチロ式トリガーでは小枝をイカダ型にしてアンカーを作ってもよいですが、面倒くさいのであればリングを使いましょう。

リングはわな専門店で売られている物を使うのが一番ですが、バネの力で曲がらないような品質であればなんでもよいので、キーホルダーのリングもよく使われます。

キーホルダーのリングはホームセンターや文房具屋で『二重リング』という名前で売られているので探してみましょう。

針金

針金は、チンチロ式のトリガーをしかけるときのアンカーなどに利用します。素材は腐食しにくいステンレス製で、太さは3.0mm（＃10）あれば十分です。

針金はトリガーを作るときだけでなく、しかけるときにも使います。ハンターの中には、ザイロンやダイニーマと

いった強化繊維プラスチック（ポリマー）のヒモを使う人もいますが、針金のほうが手袋をしたまま扱えるので便利です。素材はステンレス製で、太さは1mm（＃20）と0.4mm（＃28）の2種類を持っておくとよいでしょう。

チンチロ金具

　イノシシ・シカ用のチンチロ式トリガーでは、強力なバネを使うので、専用のチンチロ金具を利用しましょう。

　チンチロ金具はわな専門店で購入できます。ホームセンターで似たような金具がいくつかありますが、チンチロ金具はテンションがかかった時にしっかりと回転するように設計されており、代用できるものはおそらくありません。またわな専門店の物は焼きを入れた鋼を使用しており、非常に硬いため、歪みや曲がりが少ないのも特徴です。

塩ビ管（LP管：ライト管）

　踏み板式のトリガーに使われる外筒は、肉薄で軽い規格外薄肉管（LP：ライト管）と呼ばれる塩ビ管がよく利用されます。あまり一般的な物ではないので、大型のホームセンターか工業資材専門店ぐらいにしか売られていませんが、ホームセンターに行けばVP管やVU管と呼ばれるタイプが売られています。ただし、VP管や

VU管はLP管よりも重たくて持ち運びしづらいので、踏み板式トリガーを自作したい人は、わな専門店で切り売りタイプのLP管を購入したほうがよいでしょう。

塩ビ管（VP管）

細いタイプの塩ビ管は、押しバ
ネを使ったくくりわなに使用しま
す。押しバネの強い力が加わり続
ける部品なので、耐久性に優れた
硬質塩化ビニル管（VP管）と呼
ばれるタイプを利用しましょう。
用意するサイズは使用する押しバ
ネの径によって違うので、先にバ
ネを手元に用意しておき、ホーム
センターなどでサイズを確認して
から購入しましょう。基本的には4mの長さで売られているので、自分でパ
イプカッターを使って切断します。

踏板

踏板は、獲物に踏ませてトリガ
ーを落とすための板です。直接型
トリガーの場合はスネアを引っか
けなければならないので、円形や
楕円形の板が必要になりますが、
間接型トリガーの場合はどのよう
な形でも構わないので、100円シ
ョップで売られているまな板や、
調理用のステンレス網が使われた
りします。

塩ビ管を使った二重パイプ式トリガーでは、内径に合わせて踏板を丸く
切らなければならず、自作は木や鉄の板を丸く切る電動工具が無ければ難
しいです。そこでプランターの底に敷くプラスチック製のシートや、100円
ショップに売っているお鍋のフタなどを代用するとよいでしょう。

ワイヤーの切断・圧着をマスターする

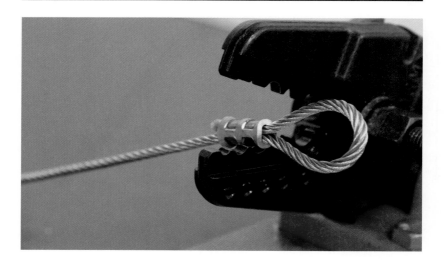

　くくりわなを自作する前に、まずはワイヤロープの切断と圧着作業をマスターしておきましょう。

カッターにワイヤーをセットする

　まずはスエージャカッターを地面にしっかりと固定します。準備ができたらワイヤロープをカッター部分にはさんで、ハンドルを押し付けてセットします。ハンディタイプを使う場合は、カッター部分にワイヤロープを挟んだら、しっかりと両手で握りましょう。

ワイヤロープを切断する

ワイヤロープは体重を
かけて一気に切断しましょ
う。ゆっくり切断するとロ
ープの先が広がってしま
い、スリーブが入りにくく
なります。ワイヤロープの
先は普通のヒモと違って、
指でよじることができない

ため、先が広がってしまった場合は切りなおすしかありません。しかしワ
イヤロープの先を切ると、細かくて鋭い破材が出るのでとても危険です。
よって破材を出さないように、必ず一発で切断するようにしましょう。

ワイヤロープは、切断する個所にセロハンテープを巻き付けておけば、
ばらけ止めの効果があります。

スリーブをセットする

スリーブは、ばらけ防止
で末端を加工する場合は
S（シングル）、ワイヤロー
プの先を折り返して輪（ア
イ）を作る場合はW（ダブ
ル）、くくり金具の末端に
はWのハーフサイズを使
います。アイを作るときは

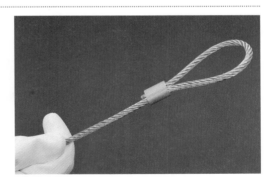

スリーブからワイヤロープの先端が5mmほど出るようにしてセットしまし
ょう。

圧着するホールを確認する

スリーブのサイズを事前に調べておき、スリーブ販売店が指示した番号のホールにセットします。このときスリーブが「O」のように縦長になるようにセットします。スリーブよりも小さなホールを使っても

圧着できますが、スリーブが割れてしまうので必ず適正なホールを使用してください。

スリーブを圧着する

最適なホールがわかったら、スリーブをホールにセットします。このときSタイプの場合はスリーブの真ん中に、Wタイプの場合はワイヤロープの先端が5mmほど出た方から、もしT（トリプル）タイプを

使うのであれば、スリーブの真ん中に合わせます。

準備が整ったらアームを降ろして、スリーブをしっかりと固定し、いっきに押し付けましょう。Wタイプであれば位置をずらして2回圧着し、Tタイプであれば（アイの根本）→（ワイヤロープの先端）の順番で3か所圧着します。

確認する

　圧着が終わったら、付属のゲージ（ものさし）で圧着されていることを確認しましょう。スエージャーの圧着ホールと同じ番号が書かれているくぼみに通し、ひっかかりが無く通ったらクリアです。念のた

め、スリーブをつまんで引っ張ってみて、動かないことを確認しておきましょう。

くくり金具の末端を圧着する

　スネアにくくり金具を取り付けるときは、ワイヤロープの先端を小さく折り返してＷスリーブのハーフで圧着します。この工程では、ワイヤロープの先が出過ぎていると鋭い針先で指を突いてしまう危険が

あり、逆に先が十分に刺さっていないとスッポ抜けが起こる原因になります。そこでＷスリーブハーフでアイを作ったら、スリーブをスエージャーに噛ませてハンドルを押して固定します。この状態でワイヤロープを引っ張り、折り返しが小さくなるようにしましょう。ハンドルを押す力加減にコツがいるため、何度か練習をしてください。

押しバネ式くくりわなを自作する

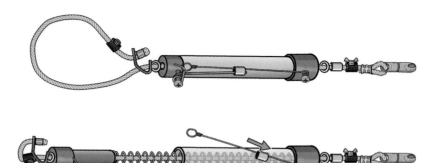

※自作わなは著者の見解によるものです。バネなどの選択は、
わな専門店と相談しながら決めるようにしてください。

　押しバネ式くくりわなは、塩ビ管を切って入れ物にしないといけないので、自作に少々手間がかかります。しかしバネ1本の値段が安いので、コストを抑えて大量に用意することができます。

押しバネ式くくりわなの仕組み

　押しバネ式くくりわなでは、押しバネを塩ビ管の中に封入した状態で使用します。この塩ビ管は、バネを収める外筒と、バネを抑え込む内筒の2種類を使い、それぞれの筒はエ

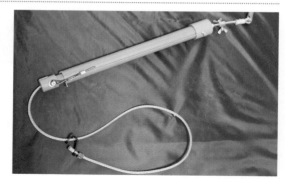

ンドキャップと呼ばれる部品で閉じておきます。

　スネアは、ワイヤロープを押しバネの中と、穴を開けたエンドキャップを通してから作ります。内筒と外筒をロックしている部分（チンチロなど）が外されると、バネがエンドキャップを押し上げて、スネアを引き絞ります。

必要な塩ビ管の長さと、スネアの最大直径を計算する

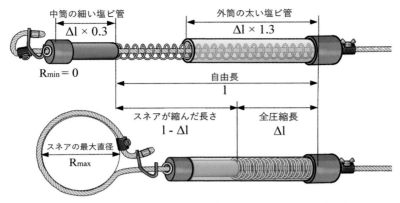

中筒の細い塩ビ管
Δl × 0.3

外筒の太い塩ビ管
Δl × 1.3

$R_{min} = 0$

自由長
l

スネアが縮んだ長さ
l - Δl

全圧縮長
Δl

スネアの最大直径
R_{max}

スネアが取ることのできる最大の直径R_{max}は、30％の余裕率を加えて

$$R_{max} = (l - \Delta l) \div 3.14 \times 0.7$$

押しバネ式くくりわなを自作する前に、まずは使用する押しバネのスペックから、必要な塩ビ管の長さと、スネアの最大直径を計算しましょう。

まず押しバネには、無荷重のときのバネの長さ（自由長：l[cm]）と、バネが完全に圧縮されたときの長さ（全圧縮長：Δl[cm]）が決まっています。よって外筒の太い塩ビ管は、全圧縮長の長さに加え、バネを押し込めるための内筒の長さ分必要になります。内筒の長さは全長の1/3以上は必要になるので、外筒の太い塩ビ管はΔl×1.3[cm]用意しましょう。

押しバネが縮んだ長さ（l–Δl）[cm]は、スネアを引き締めることができる最大の長さになります。スネアが直径R[cm]の円であると仮定すると、バネがスネアを引き締めることのできる最大の長さはl–Δl=R×3.14[cm]、つまりスネアが取ることができる最大の直径R_{max}は、R_{max}=（l–Δl）÷3.14[cm]と求めることができます。ただし、このR_{max}はスネアを締めることができるギリギリの長さなので、実際は30％ほどの余裕率を計算に入れて、R_{max}=（（l–Δl）÷3.14）×0.7[cm]となります。例えば、スネアを法定の直径12cmとした場合、押しバネの自由長と全圧縮長の差（l–Δl）は最低でも12×3.14÷0.7=53.8[cm]以上、必要だということになります。具体的なバネ選びについては、わな専門店でアドバイスをもらうようにしましょう。

2

わな猟具編

用意する資材

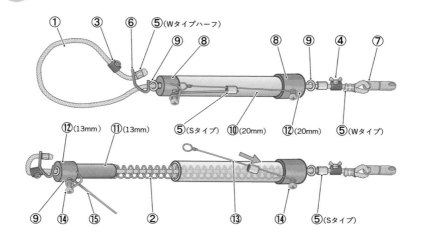

資材	備考	必要数	費用
①ワイヤロープ	ステンレス製φ4mm、6×24	2m	￥400
②押しバネ	ステンレス製、コイル径20mm	1本	￥930
③ストッパー	ボルト型、わな専門店で購入	1つ	￥90
④ワイヤー止	蝶ネジ型、わな専門店で購入	1つ	￥120
⑤スリーブ	S、W、Wハーフ。わな専門店で購入	4つ	￥77
⑥くくり金具	わな専門店で購入	1つ	￥258
⑦スイベル	内径12mm。わな専門店で購入	1つ	￥135
⑧瞬間接着剤	ホームセンターで購入	少量	￥20
⑨ワッシャ	M5	4つ	￥15
⑩太い塩ビ管（VP）	内径20mm	18cm	￥65
⑪細い塩ビ管（VP）	内径13mm（20mmに入るサイズ）	6cm	￥40
⑫エンドキャップ	呼び径20、13サイズ	1つずつ	￥148
⑬針金	ステンレス製3mm	30cm	￥10
⑭ネジ	ユニクロ製4×16	2つ	￥3
⑮チンチロ金具	わな専門店で購入	1つ	￥60
		材料費の目安	￥2,371

作り方

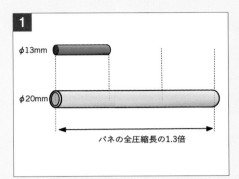

1

φ13mm

φ20mm

バネの全圧縮長の1.3倍

太い塩ビ管を必要な長さ分切る。押さえに使う短い塩ビ管を、太い塩ビ管の1/3ほどのサイズに切る。

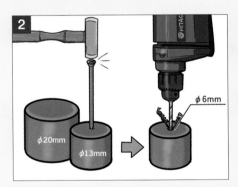

2

φ20mm

φ13mm

φ6mm

2つのエンドキャップの真ん中に、φ6mmの穴をドリルで開ける。ドリルを使う前に、釘やキリなどで下穴を開けておくこと。また、塩ビ管をドリルで掘ると"バリ"が出るので、綺麗にとっておく。

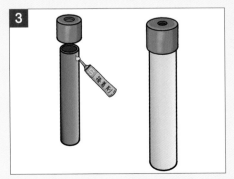

3

塩ビ管の先に接着剤を塗り、それぞれのサイズに合ったエンドキャップを付ける。

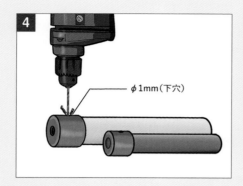

接着剤が乾いたら、内筒と
外筒のエンドキャップの側
面に1mm程度の下穴を開
ける。
塩ビ管はバイスなどで挟ん
で固定しておくこと。

φ1mm（下穴）

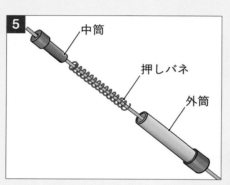

ワイヤロープの端から、外
筒、押しバネ、内筒の順番
で通す。

中筒

押しバネ

外筒

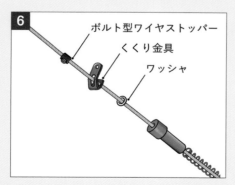

さらに、ワッシャ、くくり
金具、ボルト型ワイヤスト
ッパーの順番で入れる。

ボルト型ワイヤストッパー

くくり金具

ワッシャ

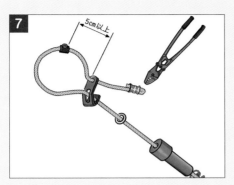

ワイヤロープの先を、くくり金具に通し、スリーブWハーフをはめてスエージャでかしめる。締め付け防止金具は、くくり金具の5cmほど上で六角レンチを使って締めこむ。

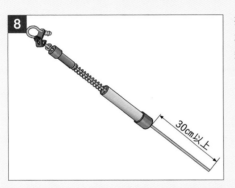

押しバネに荷重をかけない状態にして伸ばし、30cm程度の余裕を持たせたところでワイヤロープを切断する。

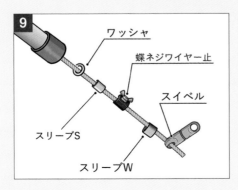

切り口からワッシャー、スリーブS（5mm）、蝶ネジワイヤー止、スリーブW、スイベルの順番で通す。スリーブS（5mm）は蝶ネジが外筒にぶつからないようにするために入れる。

2

わな猟具編

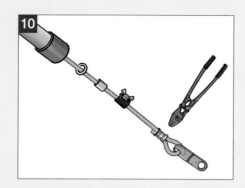

スイベルの先をスリーブW
でかしめる。

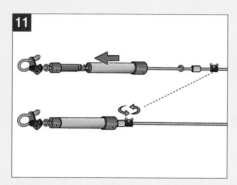

スイベル側を柱などに固定
（後述するリードワイヤーの
縛り方を参照）し、外筒を
引っ張って押しバネを押し
込む。封入できたら蝶ネジ
をしっかり締める。

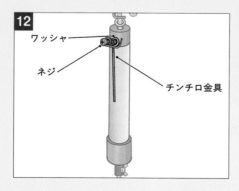

ワッシャ

ネジ

チンチロ金具

内筒の下穴にチンチロ金具
とワッシャをねじ止めする。
チンチロは回転するように
し、強く締めこまないこと。

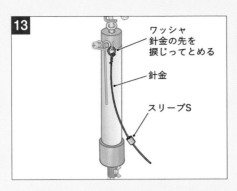

針金の先端にワッシャ（小さなリングでも可）を結びつけ、チンチロ金具の短腕にひっかける。
針金にスリーブＳ（小さなリングでも可）を通す。

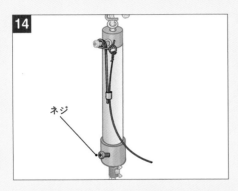

外筒のエンドキャップにネジを付ける。深く刺しすぎて中を通っているワイヤーに触れないように注意すること。

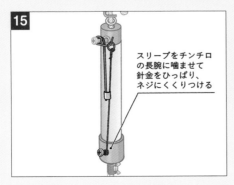

スリーブＳをチンチロ金具の長腕に付けて針金を引っ張る。
針金にテンションをかけたまま、ネジに巻き付けて固定する。

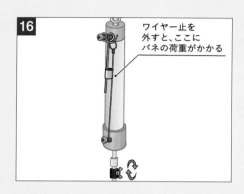

16

ワイヤー止を
外すと、ここに
バネの荷重がかかる

蝶ネジをゆっくりゆるめて
いき、チンチロに荷重が乗
ることを確かめる。

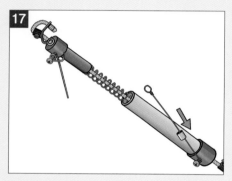

17

スリーブSを引いてみて、
バネが飛び出すか確認す
る。
威力が強いので正面が安全
であることを確認するこ
と。

押しバネ式セットわな、A式トラップ

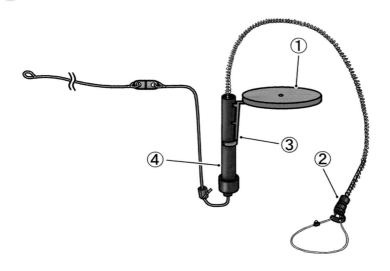

　オーエスピー商会ではA式トラップと呼ばれる、押しバネ式のセットわなが販売されています。これは内筒がSUSパイプになっており、バネの中を通るようになっているため、外筒の全長が短くなっています。

　トリガーは、外筒と内筒を引っかけて固定する噛み合い式で、"A式レバー"と呼ばれる専用の金具が付いています。レバーの先に取り付けた踏板を獲物が踏むと、噛み合いが外れてバネが立ち上がる仕組みになっています。押しバネは一度獲物がかかると伸びてしまうので、自分で修理ができるようにしておきましょう。

名称	ポイント&説明
①踏み板	獲物が踏むとわなが作動する。
②バネ押え	バネが飛び出ないようにしっかり押さえる。
③A式レバー	バネ押さえと本体に噛み合う部品。
④塩ビパイプ（底付き）	金属管に比べ軽量でサビの発生がない。 凍結防止にもなり、バネを格納しやすい。

引きバネ式くくりわなを自作する

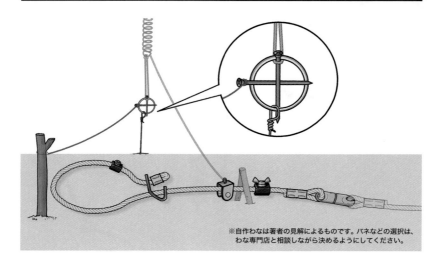

※自作わなは著者の見解によるものです。バネなどの選択は、わな専門店と相談しながら決めるようにしてください。

　引きバネ式のくくりわなは動力のバネとワイヤーを分離することができるため、事前に組み立てておくのはワイヤー部分だけになります。

引きバネ式くくりわなの仕組み

　引きバネ式くくりわなは、押しバネ式とは異なりスネアとバネを分離して取り扱うことができます。よって自宅で用意できるのはスネアの部分だけになり、バネとトリガーは現地

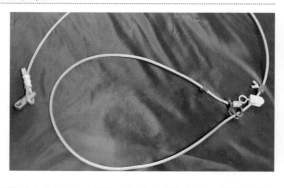

に着いてからでないと設置できません。引きバネ式くくりわなの仕組みは、スネアに取り付けられた滑車に引きバネを連結し、トリガーが落ちたらスネアを引き上げるようにして締めつけます。このとき、獲物に足がかかっている方向にしっかりと立ち上がるように、ワイヤー止の方は地面に固定しておきましょう。

必要な資材

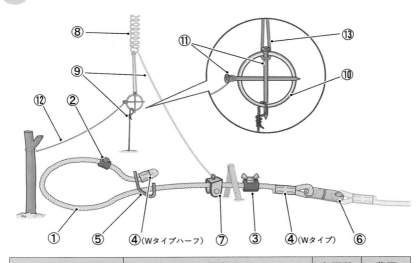

資材	備考	必要数	費用
①ワイヤロープ	ステンレス製φ4mm、6×24	2m	￥400
②ストッパー	ボルト型、わな専門店で購入	1つ	￥75
③ワイヤー止	蝶ネジ型、わな専門店で購入	1つ	￥120
④スリーブ	W、Wハーフ。わな専門店で購入	2つ	￥40
⑤くくり金具	わな専門店で購入	1つ	￥258
⑥スイベル	わな専門店で購入	1つ	￥135
⑦豆滑車	わな専門店で購入	1つ	￥110
⑧引きバネ	体長:300mm 最大引張長:1000mm	1本	￥598
⑨針金	ステンレス製3mm	1m	￥25
⑩リング	ステンレス製二重リング	1つ	￥20
⑪釘	ステンレス製15mm	2つ	￥6
⑫蹴糸	ザイロン（ポリマー繊維）3号	3m	￥100
⑬チンチロ用糸	釣り用のテグスワイヤー	1m	￥50
		材料費の目安	￥1,937

※黒マスは現地で使用する資材

2 わな猟具編

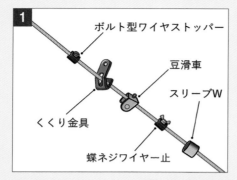

ボルト型ワイヤストッパー

豆滑車

くくり金具

スリーブW

蝶ネジワイヤー止

ワイヤロープに、スリーブW、蝶ネジ型ワイヤー止、豆滑車、くくり金具、ボルト型ワイヤストッパーの順番で通す。

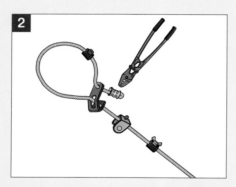

ワイヤロープの先端を、くくり金具に通して、スリーブWハーフをはめ、スエージャーでかしめる。

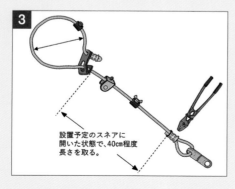

設置予定のスネアに開いた状態で、40cm程度長さを取る。

スネアを設置したい大きさに開いて、40cmほど余裕を持たせた状態でワイヤロープをカットする。カットしたワイヤロープの先にスイベルを差し込みスリーブWでかしめる。

引きバネ式のセットわな、Ｂ式トラップ

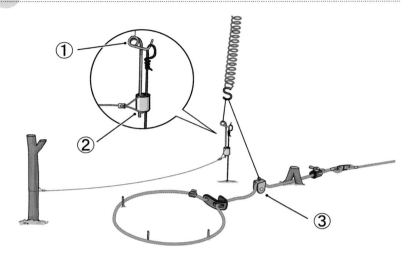

　オーエスピー商会ではＢ式トラップと呼ばれる引きバネ式のセットわな
が販売されています。引きバネと豆滑車の間はＳ字のフックが付いており、
バネが引きあがるとワイヤーから外れ、獲物が暴れてもバネが伸ばされな
い仕組みになっています。また、トリガーはチンチロ金具がついているの
で、蹴糸を使うことによって感度を高めることができます。

　このセットわなは資材を一からそろえるのと値段がほぼ変わらないので、
ワイヤカッターやスエージャを用意しなくていい分、自作するよりもコス
トは安くなります。

名称	ポイント＆説明
①チンチロ金具	蹴糸が軽く引かれただけで作動する。
②Ｓスリーブ	Ｓスリーブの内側は摩擦が少ないので、蹴糸が引かれるとスムーズにチンチロ金具から外すことができる。
③滑車	ワイヤーをよりスムーズに引き上げる。

ねじりバネ式くくりわなを自作する

※自作わなは著者の見解によるものです。バネなどの選択は、わな専門店と相談しながら決めるようにしてください。

　ねじりバネ式くくりわなは、バネの腕にワイヤーを通すようにして組み立てます。押しバネ式よりも組み立てるのが簡単ですが、パワーが強いので、組み立て中にバネが外れて暴発しないように、安全装置はしっかりとかけておきましょう。

ねじりバネ式くくりわなの仕組み

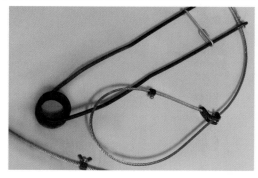

　ねじりバネ式のくくりわなは、ねじりバネを押し込んだ状態で安全装置をかけ、引きバネのスネアとほぼ同じ仕組みのものを腕に通して作ります。直接型のトリガーを使う場合は、このままスネアを踏板などに引っかけて、安全装置を外してテンションをかけましょう。

必要な資材

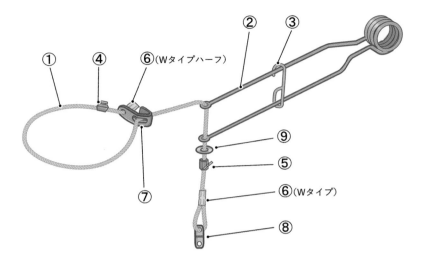

資材	備考	必要数	費用
①ワイヤロープ	ステンレス製φ4mm、6×24	2m	￥400
②ねじりバネ	線径6.0mm、全長800mm巻き数5巻き	1本	￥2,198
③ねじりバネフック	ねじりバネのストッパー	1つ	同梱
④ストッパー	ボルト型、わな専門店で購入	1つ	￥90
⑤ワイヤー止	蝶ネジ型、わな専門店で購入	1つ	￥120
⑥スリーブ	W、Wハーフタイプ。わな専門店で購入	2つ	￥50
⑦くくり金具	わな専門店で購入	1つ	￥258
⑧スイベル	わな専門店で購入	1つ	￥135
⑨ワッシャ	M5	1つ	￥2
		材料費の目安	￥3,253

直接型トリガーを使用するタイプ

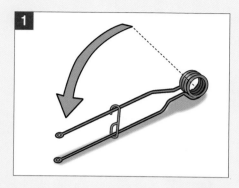

1

ねじりバネを立てた状態にしてコイル部分をしっかりと固定する。腕を握って、いっきにバネを押し込み、ねじりバネフックをかませてロックする。
ねじりバネは威力が強いので、暴発しないように、しっかりと固定してから作業すること。

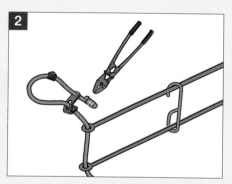

2

ワイヤロープの先端を腕に通し、くくり金具、ボルト型ワイヤストッパーを通して、スリーブWハーフでかしめる。

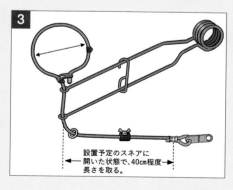

3

スネアを設置するサイズに開いた状態で、40cm程度の余裕を持たせてワイヤロープを切る。先端に、ワッシャ、蝶ネジ型ワイヤー止、スリーブW、スイベルを通し、スエージャでかしめる。

設置予定のスネアに
開いた状態で、40cm程度
長さを取る。

ねじりバネ＋踏み板式のセットわな、しまるくん

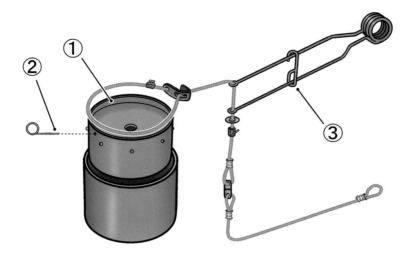

C式トラップには、トリガーに踏み板式を使用した“C〇タイプ（しまるくん）”があります。設置が簡単なので、特に初心者の方にはオススメのわなです。

ねじりバネは他のバネに比べて高価ですが、故障が少ないので、耐久性の高い踏み板式と合わせて長く使っていけます。初めはこのわなからノウハウを学び、少しずつ自分なりのアレンジが加えられるようになるとよいでしょう。

名称	ポイント＆説明
①内筒（ダンプラ付）	丸い頭のビスを使う事で、外パイプとの間に土が入って落ちにくくなるのを防いでいる。
②パイプの抜け防止ピン	パイプを設置するさいは抜く。
③安全用フック	使用時に外す（外し忘れに注意）。

リード用ワイヤーを作る

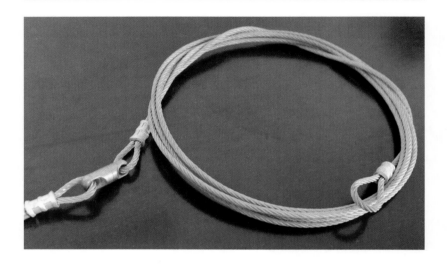

　くくりわなを作ったら、スイベルにリード用ワイヤーを接続しましょう。リードワイヤーがどのくらいの長さ必要かは、実際にわなをしかける場所を決めてからでないとわからないので、事前に猟場を視察しておき、だいたいの長さを把握しておくとよいでしょう。

　しかし、あらかじめ確認しておいても、猟場では「あと数メートル足りない！」といった場面がよくあります。そこで、1, 2mの補助リードワイヤーを何本か作っておき、実際にわなをしかけてみて長さが足りない場合は、継いで使うようにしましょう。

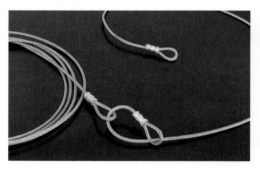

資材	備考	必要数	費用
ワイヤロープ	亜鉛メッキ製φ4mm、6×24	3m	¥430
スリーブ	Wタイプ	2つ	¥52

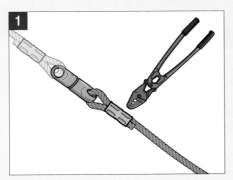

リードワイヤーの先にスリーブWとスイベルを通す。リードワイヤーの先を折り返してスリーブWに差し込み、元線を引っ張ってアイを小さくしてからスエージャでかしめる。

1ヒロ≒1.5m

ロールからワイヤーを切り出す。猟場の様子がわからず、どのくらいの長さが必要かわからない場合は、2ヒロ（3m）ほどを目安にする。

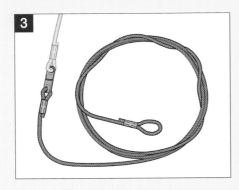

切り出した先端にセロテープを巻いておき、スリーブWを差し込んでアイを作る。ワイヤロープは、持ち運びがしやすいように、縫うように丸めてまとめておく。猟場でリードワイヤーを延長するために、両端をアイにしたサブ用のリードワイヤーも3，4本作っておく。

2

わな猟具編

箱わなを知ろう

箱わなは、基本的にはメーカーの既製品をそのまま使えばよいですが、自分の狩猟スタイルに合わせた物を選べるように、基礎知識だけでも身につけておきましょう。

箱わなとは？

箱わなは獲物がしかけられたトリガーに触れると扉が落ちて閉じ込めるわなです。基本的に箱わなはあちこち動かさず、決めた場所に長期間置いておくように使います。

箱わなを構成する3つの要素

箱わなを構成する要素は、獲物を閉じ込めておくための『檻』、檻を閉じるための『扉』、扉を動かすための『トリガー』です。くくりわなの『動力』に相当する要素は、箱わなにおいてはほぼすべて"重力"になります。扉をバネで閉じる仕組みのものもありますが、主にネズミ捕獲用の箱わなになるので、ここでは説明を省略します。

檻	扉	トリガー
・木材 ・竹材 ・鉄筋 ・ワイヤメッシュ	・ギロチンドア ・横開き式 ・ハバハート式 ・シーソードア	・釣り餌式 ・シーソー式 ・チンチロ式 ・電動式

基本的にはセットで購入

　箱わなは自作すること
もできますが、金属を切
ったり溶接したりする工
具が必要になるので、メ
ーカーの既製品を購入す
るのが一般的です。よっ
て材質や構造など細かい
ことを理解しておかなく

ても使うことはできます。しかし現在、箱わなを扱うメーカーは国内海外
含めて色々あり、中にはとても"トンデモナイ"品質の物が売られていたり
します。小型箱わなでは5,000円から1万円程度、大型箱わなになると十数
万円はするので、自分の目で品質をチェックできるように、必要最低限の
箱わなの知識は身につけておきましょう。

　なお箱わなは、木や竹を使って自作することもできます。ただし、多く
の動物は箱わなにかかったら大暴れするため、ウサギやタイワンリスとい
ったおとなしい動物をターゲットにする場合がほとんどです。

檻

檻は、イノシシ・シカ用の大型か、それ以外の小型の2種類に分かれます。箱わなは基本的に野外に置きっぱなしになるので、雨風にさらされても錆びないように、十分な耐久性と、しっかりとした防腐処理がされている物を選びましょう。

檻はワイヤーメッシュが最適

箱わなにかかった獲物は中で大暴れするので、檻にはかなりの強度が必要になります。しかし、牢屋の檻のような"鉄格子"を作るとなると、鉄筋一本一本を溶接しなければならないので、作るのに非常に手間がかかります。そこで檻には、太い針金が初めから格子状に組まれたワイヤーメッシュを使うのが一般的です。

ワイヤーメッシュ（溶接金網）はもともとコンクリートの強度を上げるために埋め込むための金網で、コンクリート床を作る際に必ずといっていいほど使われています。一般的に使用される製品なのでホームセンターや金物屋などにも置いてあり、規格品として1×2mか2×4mで販売されています。ワイヤーメッシュも必要なサイズに切断したり溶接したりしなければなりませんが、鉄筋で作るよりかは格段に制作の手間が省けます。

ワイヤーメッシュの素材は"ドブづけメッキ"がオススメ

ワイヤーメッシュの素材には様々な物がありますが、最もよく使われているのがくくりわなのワイヤーと同じ亜鉛メッキ鋼です。ただし両者には製法が違い、ワイヤロープの場合は電気的に亜鉛の膜をメッキし、さらに腐食を防ぐために六価クロムをコーティングした"電気亜鉛めっき＋クロメート処理（通称：ユニクロ）"で作られますが、ワイヤーメッシュの場合は高温で溶かした亜鉛に浸す"溶融亜鉛メッキ（通称：ドブづけ）"で作られます。なお、ワイヤーメッシュの素材には、強度や耐腐食性が高いステンレス製もありますが、亜鉛メッキ鋼よりも値段が4倍以上たかくなるため、とても実用的とはいえません。

コスト的にいうと、最も安くなるのは鉄や鋼のワイヤーメッシュに錆止めとして塗料をコーティングする方法ですが、獲物が体当たりしたり、噛んだりして塗装が剥げると、錆が発生する原因になるのでメンテナンスが大変です。

狩猟ではあまり使われませんが、ドラム缶を改造して作られる箱わなもあります。おもにクマの生体捕獲用に使われる檻で、地面が丸いので踏ん張りがきかず、クマが体当たりできない構造になっています。

2 わな猟具編

メッシュは広すぎても狭すぎてもダメ

四つ足の動物は人間と違って"肩幅"が無いため、隙間に頭さえ入れれば、簡単にすり抜けることができます。よってワイヤーメッシュの格子幅は、あまり広くないものを選びましょう。ただし、逆に格子幅が狭す

ぎると、獲物に与える警戒心が大きくなってしまうので、格子幅はバランスの取れた10cm程度の物がよく使われます。

なお、大型箱わなでアナグマやアライグマなどを捕獲したい場合、穴を掘って逃げることが多いので、箱わなの底面と地面から約20cm程度の高さまで目の細かいワイヤーメッシュを張っておくとよいでしょう。

サイズは軽トラに乗るぐらいで。組立式もある

檻のサイズは大きければ大きいほど獲物が入る確率は上がりますが、一般的に横幅1m、奥行1.8m、高さ1m程度のものがよく使われます。このサイズは軽トラックの荷台に収まるサイズなので、箱わなを撤収す

るときや、移動が必要になったときに、スムーズに運ぶことができます。

市販されている大型箱わなには、ボルトとナットを使って現地で組み立てるものもあります。故障した個所を取り換えて修理することができるなど便利な面もありますが、溶接物よりかは強度が落ちるので、使用する前は必ずボルトのゆるみを点検するようにしましょう。

クマの錯誤捕獲防止用に窓をつける

ツキノワグマが生息する地域では、檻に錯誤捕獲防止用として、天井に30cm四方の穴を開けておくことがあります。天井に開けた隙間からは、イノシシやシカは抜け出すことができませんが、木登りが得意なツキノワグマの場合は登って抜けだすことができます。箱わなにかかったツキノワグマはワイヤーメッシュを捩じりきるほど狂暴に暴れることがあるので、必ず放獣対策を設けておきましょう。

金属以外の檻

テンやアライグマ、アナグマなどの動物は、箱わなに入った後も暴れるので、檻は金属製の物を使用した方がよいですが、ウサギやタイワンリスなどの比較的おとなしい動物に対しては、木や竹などで自作した箱わなも有効です。素材は300円ほどで売っている安い杉板を使うか、深めのトロ箱（魚を入れる箱）やワイン木箱を改造して作ることもできます。

　イノシシやシカに対しては、金属以外の檻は危険そうに思えますが、堅牢に組まれた自然素材の檻は警戒心を緩める効果があるので意外と効果的で、さらにコストも金属製の10分の1ほどにおさえられます。自然素材の檻は自作するしかありませんが、愛知県岡崎市の『竹製イノシシ捕獲機』など、図面や制作方法が公開されているものもあります。

2　わな猟具編

扉

箱わなの扉は獲物を逃がさないようにする重
要なパーツです。基本的には檻とセットになっ
ているので構造を細かく気にする必要はありま
せん。しかし捕獲したい獲物の種類や環境など
によって、色々な種類の扉があるので、どのよ
うなタイプが自分の使うわなに適切か、よく理
解しておきましょう。

材質

扉の材質は檻の素材
と同じで、亜鉛メッキが
よく使われます。扉は錆
びるとガイドが目詰まり
して落ちなくなる可能性
があるので、檻以上に防
腐処理がしっかりとして
いるものを選びましょう。

扉は檻と同じワイヤーメッシュで作られていることも多いですが、一枚
板タイプもあります。これは箱わなにかかった獲物に"体当たりをさせな
い"ための工夫で、ワイヤーメッシュの場合は先が見通せるので、逃げ出
そうと扉に体当たりを繰り返しますが、一枚板の場合は先が見通せないた
め、警戒して体当たりを控えるようになります。

また箱わなは長方形をしているので、助走が付けられる扉側の面が一番
衝撃を受けやすく、さらに扉と檻の噛み合い部分が箱わなの構造上もっと
も弱い所なので、体当たりを抑制する工夫が必要になります。

なお、扉は厚い金属であるほど強度は増しますが、重くなるとトリガー
にかかる力も大きくなります。そこで比較的薄い金属の一枚板を波状に折
り曲げたり、板に一本の鉄筋を溶接して"筋交い"にしたりして、軽量化＆
強度を上げる工夫がされます。

ギロチン扉

　ギロチン扉は、檻に溶接された2本のガイドの中を、扉が真下に落ちていくタイプです。これは扉が自重で落下するだけなので、トリガーが落ちたらほぼ確実に作動する安定性があり、さらに十分な加速が付けば、少々の錆びやゴミのつまりなど関係なく最後まで落ち切ります。ロック機

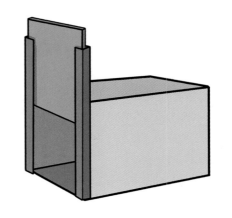

構も単純にできるため、大型箱わなの扉にはほぼすべてこのタイプが使われています。

横開き扉

　横開き扉は、扉が羽を広げるような形で横向きに付いているタイプです。扉が重いと荷重を支えている点が歪むので、主に小型箱わなで使われます。横開き扉は構造が単純なため比較的安価で、簡単に設置できるといったメリ

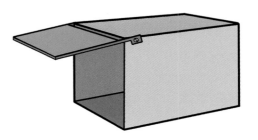

ットがあります。しかしギロチン扉と違い、ガイドが無いので扉の接合部が弱く、また扉が落ちる距離も長いので獲物が扉に挟まって逃げられやすいといったデメリットもあります。

ななめ扉（ハバハート式）

　ななめ扉は、扉の上辺が固定されており、トリガーが入ると斜めに落ちるタイプの扉です。主にアメリカの老舗箱わなメーカー、ハバハート社製の小型箱わなに使われている扉で、単純にハバハート式とも呼ばれています。

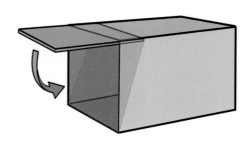

　扉が斜めになっていることで、ギロチン式よりも扉の落ちるスピードが速く、さらに体当たりの衝撃を吸収するため、アライグマやテンなどの大暴れする動物を捕獲するのに効果を発揮します。

シーソー扉

　檻の上にシーソーが乗っており、扉を長腕で、トリガーを短腕で支える扉です。扉は箱に空けられたスリットにセットされており、中に入った獲物がトリガーを外すとガイドに沿って真下に落ちる仕組みになっています。

　扉にロックがかけにくいうえ、シーソーに何かがぶつかると扉が落ちてしまう虚弱性

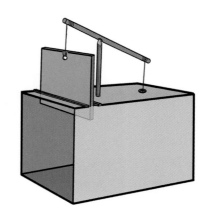

がありますが、木の板や棒を使って作れる仕組みなので、自作の木箱製箱わなに、よく利用されます。ただし、大暴れする動物では壊される可能性が高いので、ターゲットはウサギやタイワンリスになります。

フタ式

フタ式は、箱に入った獲物がトリガーを引くと、上からフタがかぶさって閉じ込める扉です。

この扉は"箱落とし"の構造とほぼ同じなので、箱の横に穴をあけて獲物をおびきよせて、入ってきた獲物を上からオモリを乗せたフタを落として閉じ込めるようにも使えます。ただしこの場合は、完全に押しつぶさないように箱の中にストッパーを付けておかなければいけません。

また、蝶ネジでフタを箱に固定したものを、地面に埋めたり、木にくくりつけたりして、ウサギやタイワンリスなどを捕獲することもできます。構造が単純なので、後述する『つっかえ棒式トリガー』と一緒に、よく自作されます。

跳ね上げ扉

跳ね上げ扉は、箱の下に小さなねじりバネをしかけておき、獲物がトリガーを踏んだら跳ね上げるようにして閉まるタイプの扉です。これは主にシャーマントラップと呼ばれるネズミ捕りに使われている扉で、折り畳んで持ち運べるのが特徴です。

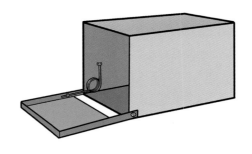

片開き式と両開き式

　箱わなの扉には、4面のうち1面だけ開く片開き式と、2面が開く両開き式があります。どちらを選ぶかは"好み"によるところも大きいですが、それぞれには明確な長所と短所があります。

　まず片開き式は、獲物から見て先が"袋小路"になっているので、警戒してなかなか入ってこないというデメリットがあります。しかし、獲物が中に入って来たら、四足動物は後ろに素早く逃げられないため、ほぼ確実に捕獲することができます。

　対して両開き式は、獲物から見て先が見通せるので、比較的警戒心は緩くなります。ただし扉が落ちる隙に前方に走られて、体の一部が挟まって、そのまま逃げられてしまうこともまれに起こります。また2つの扉を同時に落とすトリガーを作る

のが難しく、不発や暴発の危険性も片開きの倍あります。
　どちらも長所・短所がありますが、初心者のうちは片開き式を使い、慣れてきたら両開き式を使ってみるとよいでしょう。

扉にはロック機構が必須

　箱わなにかかった獲物は、逃れようと扉の隙間に足をかけて、持ち上げようとします。特にイノシシは頭がよく、仲間と協力して扉を開けようとするので、重い扉を使っていても油断なりません。よって扉には、落ちた後に開かなくするためのロック機構が必要になります。

　扉のロック機構で一番よくつかわれているのが、扉が落ちたら仕込まれていた"つっかえ棒"が動き、扉をロックするタイプです。つっかえ棒が動く仕組みは、扉が落ちるときに回転する金具にぶつかり、そのままカンヌキのように扉を抑えるタイプや、扉が落ちるとセットされていた引きバネがつっかえ棒を動かしてロックするタイプなどがあります。

　ギロチン扉でよく使われているのが、押しバネを使ったロック機構です。これは押しバネの付いた金属の棒を扉に押し当てておき、扉が落ちたら押しバネが棒を押し出して、扉に空けられた穴に差し込むタイプです。

　ロック機構はどのようなタイプであっても、必ず作動するように、使用前にチェックしておきましょう。特にバネは長い間使っていると、必ずへたりが出るので、適時交換するようにしましょう。

トリガー

箱わなのトリガーは、くくりわなのトリガーに比べて、場所の制約が少ない分、色々な大きさや仕組みの物が使われます。特に近年はIoTを活用したタイプの物も登場しています。

箱わなのトリガーは様々

箱わなの動力は『扉を重力で落とす』という単純なものですが、重い扉を獲物に警戒されることなく落とすためには、トリガーの扱い方に、かなりのコツがいります。箱わなのトリガーに使われている仕組みは、主に次のようなタイプがあります。

	特徴
釣り餌式	扉と連結した棒の先に餌をくくりつけておき、ひっぱると扉が落ちる。
シーソー式	檻の底にシーソーを設置し、獲物が踏み込むと噛みあいが外れて扉が落ちる。
チンチロ式	檻内にけり糸を張っておきチンチロにつなげておく。獲物がひっかかるとリングが抜けて扉が落ちる。
つっかえ棒式	扉を棒でつっかえさせておき、ひっかかると扉が落ちる。
リモート式	IoTトレイルカメラなどを用いて、箱わなの内部写真・動画をPCやスマートフォンに送信する。トリガー起動の信号を送ると、モーターが動いたり、電磁石が切れたりして、扉を落とす。
センサー式	赤外線センサーなどを使って、箱わなに獲物が入ってきたことを検知する。あらかじめ設定しておいた条件（扉を横切った頭数や、獲物が入ってからの時間）がきたらモーターを駆動させたり、電磁石を切ったりして扉を落とす。

釣り餌式

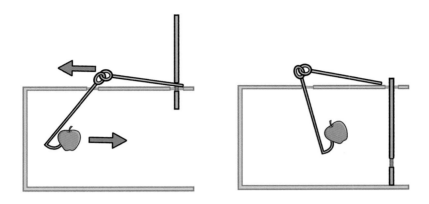

　釣り餌式は、餌をくくりつけた棒を天井からぶらさげておき、その棒の先を扉のストッパーに接続するタイプです。構造が単純なのでしかけやすく、自作の箱わなにもよく使われるトリガーですが、トリガーに扉の重みが直接乗っかっているので、扉の重い大型箱わなに使われることはほとんどありません。

　釣り餌型のトリガーでは、（餌の魅力）＝（トリガーの引かれやすさ）なので、餌の選択がとても重要です。ターゲットや環境によっても最適な餌は違いますが、干した魚や魚肉ソーセージ、捕獲した獲物の肉や内臓などがよく使われます。なお、小さなお菓子や柔らかい果物などは、端っこがかじられて持ち逃げされることも多いので、糸や針金でしっかりと固定するようにしましょう。

シーソー式

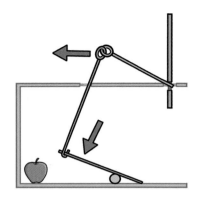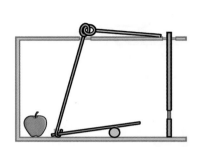

　シーソー式は地面に設置するタイプのトリガーで、箱わなに入って来た獲物がシーソーを踏むと、扉に噛み合っていた棒が動いて扉が落ちる仕組みになっています。

　シーソー式は釣り餌式と原理的には同じですが、シーソーを使っているので釣り餌式よりも軽い力で扉を落とすことができます。ただし衝撃に弱いといった短所もあり、獲物が檻の横から餌をとろうとしてトリガーの棒を動かしてしまうと、噛み合いが外れて暴発してしまうことがよく起こります。

　ハバハート式トラップでは、両開き扉をシーソー式のトリガーを使って支えているタイプもあります。両扉のバランスをとるのに、少々コツがいりますが、同時に扉を落とすことができるので初心者の方にもおすすめです。

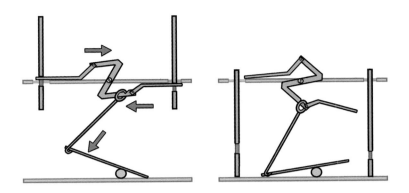

　また、シーソー式のトリガーは獲物に警戒心を与えにくいので、大型箱わなにもよく使われます。この場合、次に解説するチンチロ式の蹴糸のかわりとしてよく用いられます。

チンチロ式

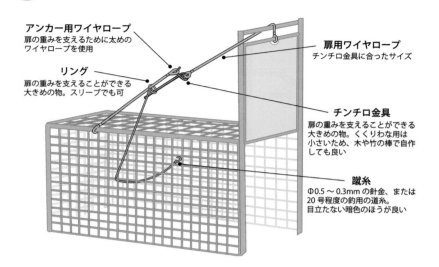

アンカー用ワイヤロープ
扉の重みを支えるために太めの
ワイヤロープを使用

リング
扉の重みを支えることができる
大きめの物。スリーブでも可

扉用ワイヤロープ
チンチロ金具に合ったサイズ

チンチロ金具
扉の重みを支えることができる
大きめの物。くくりわな用は
小さいため、木や竹の棒で自作
しても良い

蹴糸
Φ0.5 ～ 0.3mm の針金、または
20 号程度の釣用の道糸。
目立たない暗色のほうが良い

　チンチロ式は、くくりわなと同じように、蹴糸を使ってチンチロ金具の噛み合いを引き抜くトリガーです。長所は比較的自由にトリガーを設置できることで、例えば、糸を高めに張っておき大きなイノシシが入ってきたときだけ作動するように調整することもできます。

　箱わなにおけるチンチ
ロ式は、チンチロの役割
を持つ金具が檻に直接
溶接されているものもあ
ります。ただし、長年使
っている箱わなでは、バ
ネや滑車が錆びて動きが
悪くなることもあるので、

定期的に油を差すなどのメンテナンスが必要になります。機械油をつかうと野生動物は警戒するといわれているため、箱わなのトリガーにはなるべく滑車やバネなどの機械部品は使わない方がよいでしょう。

　チンチロ式のトリガーでは、ワイヤーを2本使うことによって両開き式の扉にも使えます。ワイヤーの設置は色々な方法が考えられますが、もっとも一般的なのが、ワイヤーをクロスさせてチンチロに繋ぐ方法で、一本の蹴糸で2つの扉を同時に閉めることができます。構造としては簡単ですが、チンチロに両方から同じ荷重をかけないといけないので、扉のロックを外すときは、2人以上で作業しましょう。

　両開きタイプでは扉を2つ支えるため、片開き式よりもチンチロにかかる荷重が二倍になります。よって、2本のワイヤーを連結する部分にはシャックルやカラビナを使ってチンチロにかかる負担が

少なくなるようにしましょう。またポールの部分にはワイヤーの滑りをよくするために滑車を用いるなどの工夫も必要になります。

つっかえ棒式

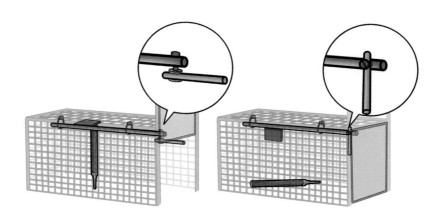

　つっかえ棒式は、扉を支えている棒に獲物が触れると、棒が外れて扉が落ちる仕組みのトリガーです。原理としては単純なトリガーですが、ただ単純に扉を棒で支えているだけでは、獲物に倒させることは難しいので、何かしらの工夫が必要になります。

　つっかえ棒式では、扉を支える棒と、獲物が触れるトリガーとなる棒の2本を『てこの原理』で支えるような仕組みがよく用いられます。この方法であれば、重たい扉であっても、獲物が軽く触れただけで落とすことができます。

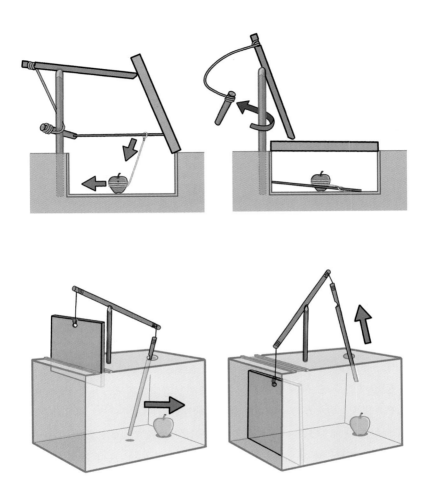

　つっかえ棒式はシンプルがゆえに、人によっていろいろな工夫があり、「なるほど！」と思えるようなアイデアが詰まっています。自然に落ちている木の棒などでも作れるので、工夫を凝らして自作箱わなに使ってみましょう。

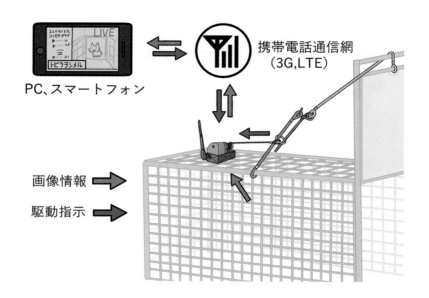

リモート型は、トレイルカメラなどで撮影された映像を携帯電話のキャリア回線（3G、4G、LTE回線）に乗せてパソコンやスマートフォンに転送し、その映像を見ながら手動で動力を起動させるトリガーです。IoT (Internet of Things:物とインターネットの連携) 技術の発達で誕生したトリガーで、近年では"格安SIM"が登場したこともあり、コスト的にも十分実用化レベルに到達しました。

扉を落とすメカニズムは、リモート操作でスイッチを入れると電磁石やモーターが作動し、噛みあいが外れて落ちるようになっています。実際の映像を見ながら操作できるので確実性は高いですが、トレイルカメラや電磁石を動かすためには電力が必要になるので、バッテリーやソーラーパネルを設置するなど装備が大型化するデメリットもあります。

センサー型

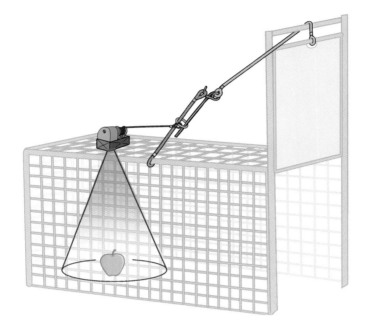

　センサー型は、檻に赤外線センサーを取り付けておき、そこを獲物が通過すると自動的に扉が落ちる仕組みになったトリガーです。獲物の目線からは棒や糸などの怪しい仕組みが見えないため警戒心が薄くなり、またマイコンを使うことで扉を落とすまでの時間や獲物の数、大きさなどを制御することができます。

　ただし赤外線センサーは、感度の調整が難しく、落ち葉が風で舞ったりするだけでも誤作動を起こすことがあります。またリモート型にも言えることですが、赤外線を発するダイオードや情報を発信・受信する電子回路は非常に繊細なため、野外で長期的に使う場合は、しっかりとしたケースに入れて埃や水滴から守るような工夫が必要になります。

実猟編
Trapping

くくりわなをしかけよう！

それにしても、この山のどこにわなをしかけるんですか？

そりゃもちろん動物の道路である『けもの道』さ。

動物の寝屋と餌場を結ぶ通り道が獣道だ。足跡などのフィールドサインを調べて、よく使われている獣道にくくりわなをしかけるんだ。

寝屋

寝屋

餌場1

餌場2

餌場

けもの道って言っても、どれが足跡なのかよくわかんねーっすよ。標識でも立ってりゃわかるけど。

けもの道

足跡だけじゃなくて糞なども重要なポイントだぞ。

ガサッ

！

獣道のフィールドサインを調査する"見切り"の極意は、動物たちと同じ目線に立つことだ。このネーちゃん、何も教えてないのに、そのことに気づくなんて・・・

ググッ

ググッ

こいつぁ〜教えがいがあるぜ！

こんな所でノビてるんじゃねーよ。

ヒョイ

NEXT PAGE

くくりわなをしかけよう

くくりわなをしかけるときは、不発や暴発を防ぐように、その土地や環境に合わせたわなを選択するのに加え、わなを上手く隠して獲物に気付かれないようにする工夫も重要です。

くくりわな猟の考え方

くくりわなはシンプルな造りでありながら、様々な獲物が狙える万能な猟具です。しかし、最適なわなの選択や、獲物に気付かれないようにわなを隠す工夫など、様々なテクニックが必要とされます。

持っていく荷物は多くなるので厳選する。

くくりわなをしかけるために山へ持っていく道具は、猟具一式に加え、スコップやスエージャ、ラジオペンチ、撒き餌を使うのなら餌やバケツなども必要になります。荷物がかなり多くなるので、持っていく道具は厳選してできるだけコンパクトに収納しましょう。

まず"獣道"を知る

くくりわなをしかける場所は、当然のことながら獲物がいる場所でないといけません。そこでくくりわな猟では、野生動物たちが通っている"獣道"を調べて、ターゲットが現れる確率の高い場所を探しま

しょう。獣道の調査は地面の足跡だけではなく、糞や木に擦れた泥の跡、ヌタ場（動物たちのお風呂）など様々で、これら野生動物の痕跡はフィールドサインと呼ばれます。

わなに気付かれないようにする工夫を

例えいい獣道にめぐりあえたとしても、しかけたトリガーが自然に落ちてしまう"暴発"や、獲物がトリガーに触れたのにバネが作動しない"不発"が起こってしまっては台無しです。そこで使用するくくりわなは、その土地や環境に合ったものを選択できるようにしましょう。また獲物がわなの存在に気付いて、避けて通られても意味がないので、落ち葉や木の枝などを上手く利用して、わなを隠すようにしましょう。

よもやま話は引き出しの一つとして

狩猟は生きた動物と対峙します。よってテレビゲームのように完全な攻略法というのは絶対にありません。世の中には、わな猟に関する様々な"よもやま話"がありますが、その話だけを鵜呑みにせず、自分の目で見て確かめたことを中心に戦略を組み立てていきましょう。もちろん先人のアドバイスが間違っているというわけではないので、自分の狩猟スタイルの一つの引き出しとして覚えておくとよいでしょう。中には"トンデモナイ"と思えるような話であっても、なにかヒントになる要素が含まれているかもしれません。

くくりわな猟の服装

オレンジベスト

防水グローブ

林業用長靴

ハンター帽子

背負子

防水ブーツ

　狩猟で山に入るときは、まず山を歩けるしっかりとした服と靴を準備しておきましょう。特にくくりわなでは、小物類や工具を多く持ち歩かなければならないので、荷物はできるだけコンパクトに収納しましょう。

服装は防寒・ダニ対策を万全に

　猟期始めの11月中旬は、昼間であればまだまだ温かい日差しを感じます。しかし山の中はいったん日が暮れると温度が急激に変化するので、必ず防寒着は用意しておきましょう。

　服装は上下とも化学繊維の物を着用しましょう。狩猟では整備された登山道ではなく、木々が生いしげり道幅も狭い"獣道"を歩くことになるので、水はけが良く汗をかいてもすぐに乾くアウトドア用のジャケットとパンツがおすすめです。また化学繊維の服は表面の滑りがいいので、体にマダニが付着しても簡単に払いのけることができます。

オレンジベスト、帽子を着用

服装は必ずオレンジなどの赤系統で、明るい色の物を着用し、帽子もかぶっておきましょう。これらは茂みの中にいても人間の目から判別しやすい色なので、銃猟による誤射を防ぐ効果があります。銃猟禁止区域であれば誤射の心配はありませんが、大日本猟友会の共済などではオレン

ジ色等の明るい色の服装をしていないと保険金が減額される可能性があるので、ジャケットの下にでも着ておきましょう。輸入品になりますが、小物や工具をポーチに収納できるハンターベストもあるので、腰袋の代わりに装備しておくのもよいでしょう。

靴は防水性の高いスパイク付き長靴がベスト

靴は登山用品店で売られている物よりも、防水性の高いゴム長靴がおすすめです。獣道は地面がぬかるんでいる場所も多いので、靴は泥だらけになります。また泥や落ち葉などが靴の間に入ってくるので、防水性が高いブーツタイプがよいでしょう。もちろん登山用靴にも防水性の高いブーツタイプがありますが、わな猟ではずっと同じ場所にかがんで作業

することが多いので、固く作られた登山用靴はあまり向いていません。ベテランハンターさんの間ではホームセンターで売られている白長靴が人気ですが、「ちょっとデザイン的に・・・」と思う方には林業用スパイクブーツが恰好もよくておすすめです。

リュックは背負子がおすすめ

わなや工具類はリュックサックに
入れて持ち運ぶのが一般的ですが、
わなを回収したり、埋める場所を変
えたりするときに、泥だらけになった
ワイヤーやバネをリュックサックに
入れると、後で洗濯が大変です。そ
こでわな猟では背負子（ロガーキャ
リア）を使うのが便利です。

背負子はフレームがむき出しにな
ったリュックのような運搬具で、カ
ゴなどをくくりつけて持ち運びます。

背負子に乗せるカゴはどんな物でもかまいませんが、ミカンを収穫する
ときのコンテナや、プラスチックでできたRVボックス、釣り道具として売
られているビニール製のケース（バッカン）などがよく利用されています。

GPS

山に入るときはGPSを用意してお
きましょう。山道は登りと下りで景色
が違って見え、さらに狩猟で登る山
は登山道が整備されていないので、
山道に慣れていないと「確実」とい
っていいほどよく迷います。GPSは、
もちろん本格的な山岳用のものがベ
ストですが、スマートフォンの登山
用アプリでも十分です。

近年の登山用アプリは、移動ルートを自動で記録する機能の他に、撮っ
た写真をアーカイブ化してくれる機能もあるので、獣道や痕跡を撮りため
ておけば、年ごとの野生動物の動きを予想しやすくなります。

工具類は腰袋に入れる

くくりわなで山に持っていくハンマーやノコギリ、スエージャといった工具類は、使うときに地面に置いておくと、「必ず」と言っていいほど失くします。そこで作業中の工具類はすべて腰袋に入れておきましょう。

腰袋は大工さんや工事現場の人が道具を入れて腰からぶら下げている袋で、ホームセンターなどで購入できます。立派な物は必要ありませんが、防水性の高い素材で作られた物を選ぶようにしましょう。

腰袋を下げるベルトは普通の皮ベルトなどでもかまいませんが、補助ベルト（腰当て）とD環が付いた安全ベルトが最適です。くくりわなを足場の悪い斜面などにしかけるときは、姿勢を維持するのが大変なので、ロープをD環と木にくくりつけておき、体をビレイ（安全確保）しておきましょう。

ヘッドライト

狩猟に限らず、山に入るときは必ずライトを持っていきましょう。特に谷あいの森は、昼間は明るくても日が落ちると急激に暗くなり、道に迷いやすくなります。そこでポケットには常に小型のLEDライトを入れておき、頭にはヘッドライトも準備しておきましょう。

安物のヘッドライトはすぐに壊れてしまい、またバッテリーの持ちも悪いので、少々奮発してもいい物を購入しましょう。ヘッドライトは防災対策にも必要な道具なので、1つよい物を持っていても無駄にはなりません。

くくりわな猟の工具・小物類

　くくりわなで山に持っていく工具類や小物類は、なるべくコンパクトに、軽量化して持ち運びましょう。スリーブやシャックルといった小物類は、バラバラにならないようにピルケースに入れて管理するとよいでしょう。

山に持ち込む物はすべてピンクテープを巻く

　わな猟に使う工具類に限らず、山に持ち込むすべての物には赤スプレーでマークするか、ピンクテープを巻いておきましょう。これは山の中に物を落としたときに探しやすくするためで、草や土の上ではピンク色がよく映えます。

　「何を大げさな！」と思われる方も多いと思いますが、山の中で物を失くすと驚くほど見つけるのに苦労し、特に車のカギや財布を落としてしまうと酷い目にあいます。親切な動物が交番にとどけてくれることはないので、自分自身でリスクマネジメントをするしかありません。

持ち物運ぶ物	備考
くくりわな具	制作したバネ＋ワイヤー＋トリガー一式
ワイヤロープ	リードが足りない場合に延長するための予備ワイヤー。1.5〜2m程度のワイヤロープの両端にアイを作っておく
剣先シャベル	地面を掘り返したり、慣らしたりする道具。大型シャベルであれば作業が速いが、スコップナイフやピックマトックを使う人もいる
ロープ	荷物をくくるためなど
ハンマー	地面に杭などを打ち込むため。二重パイプなどプラスチック製の物を地面に埋め込む作業では、ショックレスハンマー（ゴムハンマー）がオススメ
ペンチ・プライヤー	針金を捩じったり切ったりする
ノコギリ	邪魔な低木を切ったり、杭を作ったりするため
シャックル	リード用ワイヤロープを木につなげるため
カマノコ・剪定ばさみ	地面に埋まっている太い木の根を切るのに使用する。ラチェット式剪定ばさみであれば、太い木の枝も切ることができる
引きバネ用小物	蹴糸、豆滑車、ビニールバンドなど
予備小物	予備のスリーブ、ピン、ワッシャなど

小物類はピルケースに

　くくりわなでは、スリーブやシャックルなどの小物類も持ち運ばなければなりません。これらはサイズや素材がそれぞれ違うので、混ざってしまうと仕分けが大変です。そこで小物類はピルケースに入れて、分けて管理するようにしましょう。

　ピルケースは100円ショップでも売られていますが、耐久性能が微妙なので、釣具屋で売られている釣り用の小物入れがおすすめです。

シャベル

　穴を掘るだけでなく、地面をならしたり、木の根を切断したりと、わな猟では様々な用途でシャベルを利用します。シャベルには角型と剣型がありますが、くくりわなでは固い地面でも掘り返せるように先のとがった剣型が最適です。サイズは足をかける部分がしっかりとした大型がよいですが、持ち運びが不便に感じる

のであれば折り畳み式の物でもよいでしょう。踏み板式のトリガーをしかける場合は、土を盛って綺麗に偽装できるように小型のスコップやスコップナイフも用意しておきましょう。

ノコギリ（カマノコ）

　ノコギリはわなの添え木を作るときや、わなをしかける場所までの道を整備するとき、特にトリガーを埋めるために邪魔な木の根を切りたいときに重宝します。ノコギリは大きなものは必要なく、折り畳みができるタイプが最適です。また木の根を切る目的だけなら、カマの刃先がノコギリ状になったカマノコや、ラチェット式剪定ばさみも扱いやすくて便利です。

ハンマー

わな猟におけるハンマーは、泥や氷で固まったトリガーを叩いて外したり、杭を打ち付けて押しバネ式くくりわなを埋めるための穴を開けたりと、何かと利用します。わな猟では釘抜きは必要ないので、頭が重く厚みがあり、両面が平らになった玄翁（げんのう）タイプがおすすめです。二重パイプなどを地面に埋めるさいは、地面に

置いた状態でハンマーで叩き、跡を付けて掘り返します。しかし塩ビ管を金づちで叩くと壊れる危険性が高いため、ゴム製のショックレスハンマーがオススメです。

ラジオペンチ

ラジオペンチ（プライヤ）は、針金を切る、引っ張る、ねじる、締めるなどに使う工具で、引きバネ式やチンチロを使ったトリガーを作るときに必要です。ラジオペンチは100円ショップで買える安物の方がよいです。わな猟では湿った泥が付いて錆びることも多いので、気軽に買い替えられる物を選びましょう。高級な工具は山で失くしたときのショックが大きいです。

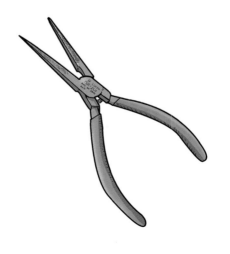

ネームプレート

ネームプレートは、あなたの名前や住所、電話番号、狩猟者登録の番号などを記入して、わなをしかけている場所に設置する表札です。ネームプレート自体は猟友会で販売されていますが、必要事項を書いておけばどんなものでも構わないので、プラスチックの下敷きを切り出して自作してもよいです。

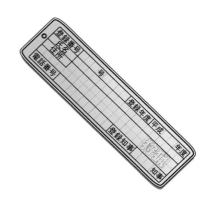

また、法律的に決まっているわけではありませんが、『わなをしかけているので注意！』と書かれた看板を立てたりして、登山者などに注意喚起をしましょう。

ビニールバンド

ビニールバンドは、バネを樹上や枝の上にセットするためのヒモです。木に釘を使って固定する人もいますが、森の木は誰かの所有物なので許可なく木に釘を打ってはいけません。特にスギやヒノキなどの商品価値の高い木を傷つけると山の持ち主に賠償請求される可能性もあります。

ビニールバンドは『マイカ線』という商品名で売られている物がおすすめです。これは農業用のビニールハウスを固定するためのヒモで、高い強度と、紫外線や湿気などに対する耐久性、安くて扱いやすいといった特徴をかねそろえています。

シャックル

　シャックルは、リードワイヤーを木な
どに結びつけて固定するための金具です。
ハンドスエージャカッターを持っている
場合は、ワイヤーの先を元線にひっかけ
て、輪にして閉じてもよいです。

　シャックルの種類はたくさんあります
が、ワイヤロープ径4mmのくくりわなで
は、真鍮製や亜鉛メッキ製の8mmタイプ
が使われます。ゲート部分のピンはどこ
かに落としてしまうことが多いので、予備はいくつか持っておきましょう。

蹴糸

　蹴糸は、間接型トリガーでピンやチン
チロのリングを抜くために利用する糸で
す。細い針金や普通のヒモだと、獲物が
引っかかったときに切れてしまうことが
多いため、釣具として売られている強化
繊維プラスチックの糸がおすすめです。

　繊維強化プラスチックは、プラスチッ
クの繊維に炭素やガラスを混ぜて強度を
向上させた複合材料で、お店ではザイロ
ンやイザナス（ダイニーマ）、ケプラーといった名称で売られています。こ
れらの繊維は十分な強度と耐久性、そして"伸びが少ない"といった特徴が
あるので、獲物が糸に引っかかると、素早くテンションがかかり、ピンやリ
ングを引き抜くことができます。強化繊維プラスチックの糸は太くなるほど
値段が跳ね上がるので、蹴糸の用途では3号ぐらいがよく用いられます。

　また蹴糸には、石鯛釣り用の細いワイヤロープもよく使われます。これ
を使う場合は、小さなスリーブも必要になるので、合わせて購入しておき
ましょう。

獣道を探る

　くくりわなは野生動物たちの道路である獣道にしかけますが、どこでも かしこでもいいというわけではなく、その獣道が『現在でも利用されてい るか』、『ターゲットとなる動物が通っているか』、『獲物にバレないように しかけられるか』などを判断しなければなりません。

獣道の作られ方

　野生動物たちは自由 気ままに山の中を歩き 回っているように思え ますが、実際は獣道と 呼ばれる動物たちの道 路の上を歩いています。 獣道はまず、キツネや イタチ、タヌキなどの 中動物が寝場所と餌場 を定期的に移動するこ

とにより、うっそうと茂る草木がかき分けられたり、トンネルになったりし

て『タヌキ道』と呼ばれる細い道ができます。その後、この道をイノシシや
シカなどの大型獣が移動するようになると、低木の枝が折られたり、低い草
が食われたりして、私たちの目で見てもわかるような道になります。

　このようにして山の中に張り巡らされた獣道は、動物たちの“幹線道路”
として長年使われる道がある一方で、何らかの理由により動物たちが通ら
なくなって“廃線”になった道もあります。そこで獣道を探るときは、その
獣道が今でも動物が通る道なのか、廃れて動物が通らなくなった道なのか
を判別しなければなりません。

まずは林道から探ってみる

　くくりわなをしかけると
きは、『現在でもよく使わ
れている獣道』を探さなけ
ればなりませんが、山の中
をやみくもに探し回るのは
大変です。そこで最初は
林道に沿って獣道を探し
ていきましょう。

　野生動物は足をケガすると致命的なので、できる限り歩きやすく崩れに
くい道を好んで移動します（カモシカは例外）。ゆえに、人間によって綺麗
に整備された“林道”は、野生動物たちにとっても絶好の道路になっており、
林道に沿って山を見ていくと獣道との交差点がよくみつかります。

　林道を調査するときは車で移動するのが便利ですが、林道は市町村や森
林組合など管理している組織がまちまちなので、自動車が入れるようにア
スファルトで舗装されている道もあれば、地面がデコボコでぬかるみの多
い道まで様々です。また車が入れないようにゲートやチェーンで閉じられ
ている道も多いので、事前にその道が通行可能か調べておきましょう。な
お、封鎖されている林道には許可無く入ってはいけません。

フィールドサインを調べる

　獣道を見つけたら、その道がどのような動物が通っているかを足跡や糞などの痕跡（フィールドサイン）から調べていきましょう。野生動物たちは気ままに生きているように思えますが、実は同じ場所で眠り、季節によって同じものを食べ、同じ獣道を通るという習慣性を持っています。よって同じ動物のフィールドサインが多く残されているということは、その獣道に再び同じ動物があらわれる可能性が高いと判断できます。このようにフィールドサインを調査して、わなをしかける場所を決めることを『見切り』と呼びます。

はぐれ者に要注意

　野生動物は基本的に生まれた場所から大きく移動することはありませんが、何らかの理由で住処を離れて動き回る“はぐれ者”が発生することがあります。例えば地滑りや開発などでテリトリーが消滅した場合や、大雪などの災害でテリトリー内の餌が不足した場合、ハンターの襲撃で群れが散り散りになった場合などが考えられます。さらに、シカの場合は10〜11月末、イノシシの場合は12〜2月ごろは発情期となり、オスはメスを求めて山の中をウロウロするようになります。このような“はぐれ者”は同じ獣道を歩く習慣性がほとんどないので、わなでしとめるのはかなり難しくなります。

つまりわな猟における見切りでは、フィールドサインの新しさよりも、数の多さや、双方向に足がついていることなど、習慣性がわかるものを探す方が重要になります。

ちなみに、猟銃でも見切りは行いますが、銃猟では『その日、どの山に獲物が潜んでいるか』が重要なので、前日の夜に移動したと思われる最も新しいフィールドサインを探し出すのが目的になります。銃猟とわな猟では見切りのコンセプトがまったく違うということを覚えておきましょう。

トレイルカメラで観察する

フィールドサインは読むのに精通してくると、動物の種類だけでなく、体の大きさや雄雌、群れの規模、その個体の性格や、その時の感情までも読み取ることができます。しかし初心者のころは足跡の種類を判別するだけでも精いっぱいのはずです。そこでおすすめなのがトレイルカメラです。

トレイルカメラは正面を横切ると自動的に撮影をしてくれるビデオカメラの一種です。ここで写された映像は、そのまま獣道の調査に使えるだけでなく、自分でフィールドサインを調査した結果を"答え合わせ"することで、あなたのフィールドサインを読む目をレベルアップさせることができます。トレイルカメラは見回りのときにも活躍するアイテムなので、より詳しくは後ほど解説をします。

足跡

　足跡は、獣道を調査する基本となるフィールドサインです。調査では足跡の数だけでなく、足跡が向いている方向や大きさも観察するようにしましょう。また動物の足は、アナグマ、アライグマ、霊長類な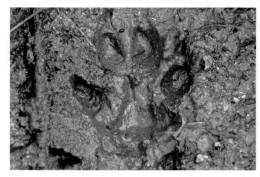

どの掌を付いて歩く『蹠行性（しょこう）』、タヌキ、キツネ、イヌ、ネコなどの指先だけで歩く『指行性（しこう）』、イノシシ、シカなどのヒヅメを着いて歩く『蹄行性（ていこう）』の3つのパターンに分類されるため、動物の種類をおおまかに特定することができます。

着目点	特徴
種類	蹠行性、指行性、蹄行性を判別することで、動物の種類をしぼり込める。
新しさ	表面の泥が細かく湿度を保っている物は新しい。 古くなると表面が乾いて泥の粒が大きくなる。 新しい足跡と古い足跡が混在するほど、習慣性をもった動物が通っている可能性が高い。
方向	登る方向、下る方向の両方につま先が向いていたら、餌場と寝屋を行き来している獣道である可能性が高い。 方向が定まらずふらふらした足跡は、餌場を探していたりメスを探していたりする“はぐれ者”の可能性が高く、このような個体は同じ道を戻ってくる可能性は少ない。
大きさ	足跡が大きいほど、体も大きい。 不ぞろいな足跡が多数ある場合は、群れで移動している可能性が高い。

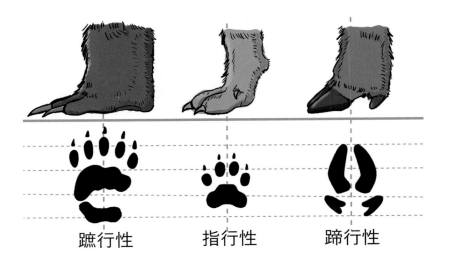

蹠行性　　　　　指行性　　　　蹄行性

蹠行性動物	人間でいう"てのひら"や"かかと"を地面に付けて歩く動物。足跡に5本の指が残るのが特徴。体重を足全体で支えることができるため歩行の安定性が高く、また物を掴んだり、木に登ったり、穴をほったりと手足を歩くこと以外にも利用できる。 霊長類、クマ、アライグマ、ハクビシンなどの哺乳類や、鳥類、爬虫類、両生類も蹠行性動物に分類される。
指行性動物	手のひらやかかとが地面から浮いて、指先だけで歩くようになった動物。足跡に4本の指が残るのが特徴。接地面積が小さくなったことで物を持ったり、泳いだりする能力は退化しているが、走るスピードが増し、足音を消して忍び寄ることができる。 ネコやイヌ、タヌキ、キツネなど、肉食の哺乳類に多い。
蹄行性動物	爪が進化した"ヒヅメ"を持ち、歩行や走行能力を発達させた動物。国内に生息する蹄行性動物は、イノシシ、シカ、カモシカ（＋外来種のキョン）。イノシシは2本の丸っぽいヒヅメの後ろに、2つの蹴爪の跡が残る。シカやカモシカは2本の真っすぐ伸びるヒヅメが特徴で、蹴爪は高い所にあるので、普通は足跡に残らない。

糞

　糞を見つけたら内容物
も確認してみましょう。少
し気が引けるかもしれませ
んが、動物には食べる餌に
習慣性があるので、何を
食べているかがわかれば、
その餌がある周辺がわな
をしかける絶好のポイント
になります。糞の形状は動物の種類によって4種類に大別されます。

着目点	特徴
種類	糞の形状は何型かで、動物の種類を大まかに特定できる。
新しさ	新しい物ほど表面に潤いがあり臭いが強い。
分布度合	新しい糞と古い糞の両方見つかる場合はテリトリーが近い可能性が高い。"ため糞"がある場合は、ある程度種類が特定できる。
内容物	例えば、もみ殻やタケノコの皮などが混じっている場合は、農地に出没している可能性が高い。

玉型	
	ノウサギやリス、ムササビなどの小型の草食動物に多い糞の形状。大きさは数ミリ程度。木の芽や葉っぱなどから栄養素を取り出すために繰り返し消化するため"食糞"をする習性をもつ動物に多い。残された糞は植物の繊維質が凝縮したような形になっている。

俵型
 大型草食動物のシカやカモシカの形状で、食べている餌によってドングリに似た楕円形に近くなる。大きさは1cm程度で、ひとつひとつが寄り固まった状態で見つかることが多い。シカは歩きながら糞をする習性があるので獣道に沿って多く残される。カモシカは"ため糞"をすることがあるので、シカと見分けることができる。

3

実猟編

塊型
 不ぞろいな大きさの糞がいくつも固まってできる形状。イノシシやクマなどの雑食動物に多く、大きい物では20cm近くにもなる。雑食性の動物が植物性の物を食べると、消化できない繊維質が糞に多く残される。特にクマやハクビシンは消化不良が多く、例えば柿を食べた糞は、柿の匂いが残る。

棒状
 イヌ、ネコ、キツネ、タヌキ、霊長類など肉食動物に多い形状で、雑食傾向が強くなるほど色や形、大きさは安定しない。糞だけから動物の種類を特定するのは難しいが、内容物にカニや貝などのカラが見つかると、生活圏が水辺に近いと予想することができる。

食跡

動物は餌に対して習慣性を持つため、食跡はわなをしかけるための重要なフィールドサインになります。動物の多くは餌を一度にすべて食べず、何度かに分けて食べることの方が多いので、餌が残っている場所は高い確率で再び戻ってきます。また特定のテリトリー内で長く暮らしている個体は、季節によって餌場がある程度決まっているので、毎年同じ場所に姿をあらわします。

着目点	特徴
季節性	動物によって季節ごとに餌の習慣性があるので、餌がある場所には毎年同じ時期に同じ動物が現われやすい。
習慣性	餌が豊富にある場所は、何回かに分けて食べに現れる傾向がある。
葉の切れ口	葉っぱの切れ口が枯れていない物は新しい。 ウサギの食跡は、葉っぱの切れ口がまっすぐになる。シカの場合は引きちぎったような跡が残る。
残骸	鳥の羽が折れて散らばっている場合は、キツネなどの肉食中型動物の可能性が高い。根本から羽が抜けている場合は猛禽類の可能性が高い。
地面の穴	イノシシは地面を鼻で掘り返して木の根などを食べる。アナグマは鼻を地面に突っ込んで地中の虫を食べる。
クマ棚	ツキノワグマは樹上の果物などをとる際、枝の上に折った枝を敷き詰めて足場にする。

生活跡

生活跡は、動物がテリトリーであることを示すフィールドサインです。ツキノワグマの爪痕やヌタ場（動物の泥浴び場）のような視覚的にわかる情報から、フェロモンのような臭いでわかる情報、また発情鳴き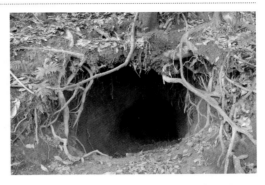（ラッティングコール）といった音でわかる情報まで、フィールドサインの種類は実に多彩です。

着目点	特徴
マーキング	発情期のオス鹿は木の幹にクリの花のような発情臭をつける。ツキノワグマは木に爪とぎをしてテリトリーを示す。
寝屋	イノシシやタヌキなどは草を敷き詰めたベッドを作る。シカは地面の土をならして眠る。 アナグマは巣穴を掘る。まれにタヌキなども同居する。 ハクビシンやアライグマは木のウロ（穴）や、民家の屋根裏のような狭い場所に巣を作る。
ヌタ場	イノシシやシカは地面がぬかるんだ場所（ヌタ場）でドロ浴びをする。
通過の跡	泥浴びをするイノシシやシカが通った跡は、木の幹や葉っぱの裏などに泥が付着する。
ため糞	タヌキなどは群れ全体で特定の場所に糞を貯める。
発情声	11月ごろの発情中のオスジカは高い声で鳴くので、存在を知ることができる。

3
実猟編

わなをしかけるポイントを決める

　フィールドサインから最適な獣道を決めたら、次に実際にくくりわなをしかけるポイントを決めましょう。わなはどんなに獲物の交通量が多い獣道にかけても、トリガーに触れるか否かは最終的には"運"に左右されます。ただし、その場所に最も適切なわなをしかけることで、獲物に気付かれない可能性や、不発率・暴発率を小さくすることはできます。

1本の獣道に、くくりわなを2，3個しかける

　獲物の影が濃い良さそうな獣道を見つけたら、くくりわなを10m程度の間隔で2，3個しかけて行きましょう。これは見回りの手間を省くためや、トレイルカメラで観察をしやすくするため、また広範囲にハンターの痕跡を残して野生動物に警戒心を与えないためといった理由があります。あまり野生動物にプレッシャーを与えすぎると、その獣道に見切りをつけられたり、獣道をバイパスするように別の道が作られたりします。見回りが負担にならないのであれば、例えば山の峰付近と麓付近のように距離を離して設置しましょう。また複数の獣道にしかける場合は、尾根を挟んで逆側の獣道にしかけるか、山自体を変えましょう。

　なお、くくりわなを1カ所に集中して仕掛けるか、それとも広範囲の山に仕掛けるかは、その人の狩猟スタイルによって変わります。わなは原則として1日1回見回りをしなければならないため、例えばあなたが忙しいサラ

リーマンや学生の場合は、獲物が確実に通るような獣道を見つけて、狭い範囲に小数を設置したほうが良いでしょう。逆に時間的に余裕がある人は、広範囲に仕掛けたほうが捕獲率は高くなります。

よって、くくりわな猟を行う場合は、まずはあなた自身の生活スタイルから、見回りにかけられる時間と手間を逆算して、仕掛ける場所・個数を考えて行きましょう。

しかける場所にあったバネとトリガーを選ぶ

くくりわなのバネとトリガーは、自分の気に入った物を中心に運用してもよいですが、それぞれには得意・不得意の環境があることを覚えておきましょう。もちろん細かな工夫で短所を改善することはできますが、一般的には次のような組み合わせで選択されます。

バネ・トリガー		森林土	低草地	やぶ	泥場	砂地	岩石土	斜面	凍土
押しバネ	直接型	○	○	△	―	―	―	○	△
	間接型	○	△	△	―	―	―	―	○
引きバネ	直接型	―	―	―	―	―	―	△	―
	間接型	○	―	―	○	○	―	○	○
ねじりバネ	直接型	○	○	○	―	―	―	―	―
	間接型	○	―	○	○	○	△	―	△

○：おすすめの組み合わせ　　　△：対応できる
―：しかけるのに難がある

地形ごとによる解説

土地の形状	特徴
森林土	森林の中で最も一般的にみられる土壌。日がよく当たる斜面は乾燥しやすく、冬場でも凍結することが少ない。 くくりわなをしかけやすい土壌だが、土を掘り返すと強い土臭さが出るので必要最低限に掘ること。また、地面の柔らかさが変わるので、わなが馴染むのに少し時間がかかる。 平坦な場所ほど気付かれる可能性が高いので、斜面や段差など地形に変化のある場所にしかけると効果的。
低草地	低い草が広がる開けた地形。山のふもとに多い環境。見回りがしやすく、わなをしかけやすい土地だが、くくりわなをしかけると土が耕された状態になるので獲物に警戒心を与えやすい。くくりわなよりも箱わなをしかけるのに適した地質。
やぶ	低木（ブッシュ）が生い茂り、地面には腐葉土が堆積する地形。落ち葉などで地面を隠しやすいため埋めるタイプのわなが効果的。引きバネなど空中にしかけるわなは向かない。 低木の根が張り巡らされているので、浅く掘って埋めるねじりバネが効果的。
泥場	谷あいや沢沿いに多い水はけの悪い土壌。穴を掘っても土が崩れるため、直接型のトリガーを埋めても傾いてしまいやすい。どうしても踏み板式のトリガーを使いたい場合は、杭などでトリガーの周囲を固めて傾かないように補強すること。 空中に設置する間接型トリガーが効果的で、蹴糸を泥の中に沈めておくのも一つの手。ただし、寒くなると凍結するので注意。
砂地	日当たりが強く乾燥している山肌。表層はさらさらしているが、中層は押し固められているので深く掘りにくい。周囲に高い木などがあれば引きバネが効果的。ないようであれば、押しバネやねじりバネを寝かせて横引きにし、蹴糸を使った間接型トリガーにするとよい。ワイヤーやバネは砂をかぶせて隠すこと。

岩石土	岩盤や石混じりの土壌。地面が固く、直接型トリガーを埋めることができないので、空中に設置する引きバネが効果的。 ワイヤーを隠す土がないので、段差の下など視線から外れる場所に設置して、獲物が飛び降りてきたとき蹴糸を弾くように設置するとよい。押しバネ、ねじりバネでも地面に置いて横引きにすれば設置できる。
斜面	傾斜のきつい坂道。くくりわなをしかけづらい土地だが、動物も身動きがとりづらい場所なので、わなにかけやすい土地でもある。急斜面を降りてくるか、登ってくるかで最適なわなが違い、降りてくるときは蹴糸を使った引きバネが、登ってくるときは踏板を使った押しバネ式が効果的。ねじりバネは急斜面にはしかけづらい。
凍土・雪上	凍結した土、雪が積もった土壌。くくりわながしかけづらい場所であるが、足跡がくっきりと残るので見切りはしやすい。トリガーの感度が高く、パワーが強い、間接型トリガーの押しバネ式が効果的。ねじりバネはコイルが凍結すると不発することが多い。ワイヤーは雪で隠すが、雪溶けでむき出しになるのを防ぐために、土も一緒にかぶせておくこと。

3

実猟編

狩猟では危険な場所や普段人が入らないような場所に行くことも多いから、山の中で道に迷ったり、ケガをした場合は命に係わる事故になりやすい。

なので、山に入る前は必ず身内や友人に行く場所と帰る時間を伝えておき、時間に戻らなかったら捜索を出してもらうようにしよう。

リードワイヤーを結ぶ木を決める

　くくりわなをしかけるポイントを決めたら、リードワイヤーを結ぶポイントを探しましょう。あらかじめスイベルに接続しておいたリードワイヤーの長さが足らない場合は、継いで長くして使いましょう。

最低でも足の太さぐらいの木に結ぶ

　リードワイヤーを結びつける木は、押したり引いたりしてもグラグラせず、割れや腐った部分がない木を選びましょう。木の太さは太すぎるよりも、ある程度のしなりがある木の方が、獲物が突進する衝撃を吸収できるのでオススメです。

　なお、リードワイヤーは、必ず"最短"になるように長さを調整しましょう。余分な長さのリードワイヤーがあると、わなにかかった獲物が助走を付ける距離が長くなるため、ワイヤーを引きちぎられたり、足が切れたりする可能性が高くなります。また、獲物が木に巻き付いてしまうこともあり、最悪の場合は死亡することもあります。

　よって、くくりわなを設置する位置を決めたら、近くにある丈夫な木の中で最も近い木にリードワイヤーを結び、余分なワイヤーは編み込むようにして最短になるように調整しましょう。

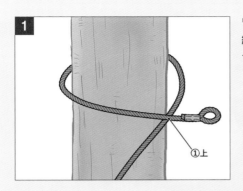

ワイヤロープの先端が、元線の上にくるように、木に1回巻き付ける。

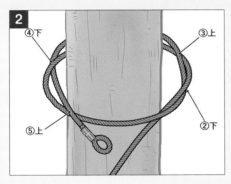

ワイヤロープの先端を元線の下→上→下→上と縫うようにして巻き付ける。この編み込みをリードワイヤーが最短になるまで続ける。

3

実猟編

シャックルで、アイと元線を結束する。
リードワイヤーが余っている場合は、木に何度か巻き付けた後に、縫うようにして巻き付ける。シャックルのボルトはゆるまないようにラジオペンチでしっかりと締める。

押しバネ式くくりわなのしかけ方

　押しバネ式くくりわなをしかけるときは、バネを封入している筒を深く埋め込まなければならないので、杭を利用して穴を開けるようにしましょう。また、バネが暴発して飛び出すと顔面を強打する危険性があるので、作業するときは真上に立たないようにしましょう。

地面の固さに応じて、縦引きか横引きかを決める

　押しバネ式くくりわなをしかける場合は、まず、事前にわなをしかける場所の確認をしてから、『縦引き』にするか『横引き』にするかを選択しましょう。縦引きの場合は、スネアが高く立ち上がるため、獲物の足を確実にくくることができます。ただし塩ビ管を真っすぐ地面に埋めなければならないため、設置に手間がかかります。横引きにする場合は地面をそれほど深く掘らなくてもよくなりますが、スネアが獲物の足先にかかることが多くなります。

　基本的には縦引きにしかけるのがよいですが、地面が固くて掘りにくい場合や、木の根が多くて深く掘れない場合、泥や砂など掘った穴が崩れるような土の場合は、横引きにするとよいでしょう。ただし横引きにする場合でも、少し角度を付けて、できるだけ足の高い位置にかかるように工夫しましょう。

踏板式のしかけ方

　直接型トリガーを使う場合は、外筒が地面にまっすぐに立つように設置しましょう。もし土が柔らかくグラグラと動いてしまうような場合は、外筒の周囲に小石などを詰めて動かないように調整しましょう。

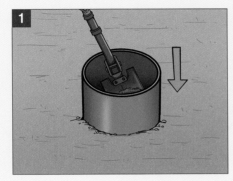

1 外筒を土に押し付けながら中を掘っていく。ショックレスハンマーがあれば外筒のきわを叩いて埋め込み、中を掘って、さらに叩くを繰り返して埋めていく。

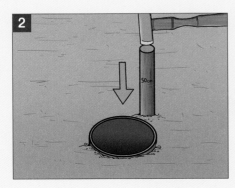

2 塩ビ管の直径とほぼ同じぐらいの太さの杭（森の中に落ちている枝を削って作ってもよい）を用意しておき、下から50cmぐらいの場所に印をつけておく。

3

実猟編

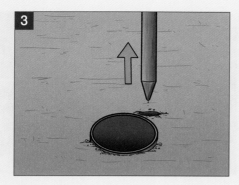

杭をパイプに接するように
刺して、印をつけたところ
まで打ち込んでいく。
杭を打ち込んだら抜いて穴
を作る。

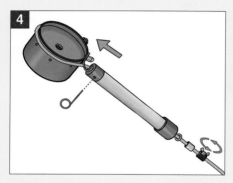

内筒のビスが打ち込まれた
方を上に向けて、スネアを
引っかける。蝶ネジ型スト
ッパーゆるめて、スネアに
テンションをかける。

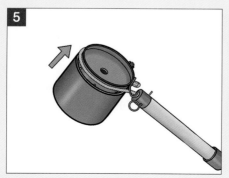

外筒をいったん穴から取り
出して、内筒をはめ込む。

内筒が飛び出さないように、ピンをさしておく。

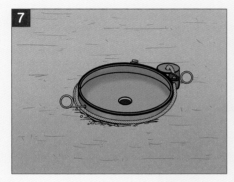

スネアを曲げるようにして穴の中に収める。内筒の上面を地面の高さと合わせて、しっかりと埋め込む。グラグラするようなら、小枝や石を使って補強すること。

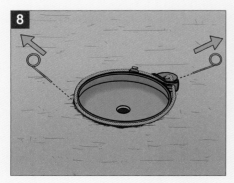

内筒の姿勢が安定したらピンを外してセットする。最後にリードワイヤーを木などに結ぶ。リードワイヤーはできれば地面の中を通すようにする。

3

実猟編

間接型トリガーのしかけ方

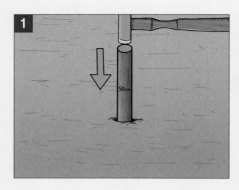

塩ビ管の直径とほぼ同じぐらいの杭を地面に打ち込む。この時、杭に塩ビ管の長さと同じ場所に印をつけておき、その長さまで打ち込んでいく。

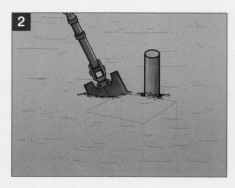

杭の前を、設置したいスネアと同じぐらいのサイズで、20cm程度の深さまで掘る。

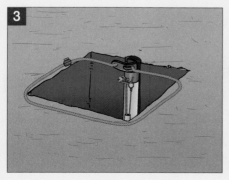

スネアを設置したい大きさに広げて蝶ネジ型ストッパーを締めこむ。その状態で、杭を抜いて出来た竪穴に押しバネの入った塩ビ管を埋める。

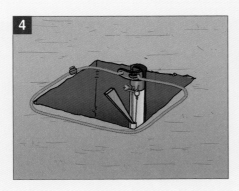

4 チンチロ金具のリングの上に、固い木の棒などを置く。棒の先端が穴よりも少し出るようにする。

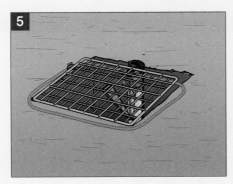

5 棒の上に踏板を置く。薄いベニヤ板などでもいいが、なるべく水はけがよい網状のものがよい。調理用のステンレス網や、鉢植えの底敷など、100円ショップで購入できるものがおすすめ。

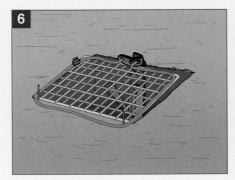

6 くくり金具を踏板の上に再設置する。踏板が押しバネの真上にかからないように注意。
スネアがまっすぐ立ち上がるように、スネアの内側に小枝をさしておく。
最後にリードワイヤーを木などに結ぶ。

3 実猟編

引きバネ式くくりわなのしかけ方

　引きバネ式くくりわなは、木の枝などに引きバネを固定してから、針金やヒモを使ってスネアと連結します。空中にしかけるという特性上、踏み板式を使うと内筒が浮き上がってしまいますが、引きバネを塩ビ管などに詰めるなどの工夫をすることで、使うこともできます。

引きバネ式は獲物がやってくる方向にも気を配る

　引きバネ式は木などに引っかけて利用するため、獲物から見られてしまうと警戒されてしまいます。また獲物が蹴糸に触れる前に、アンカーリングやチンチロに触れてしまうと暴発してしまいます。

そこで引きバネやアンカーリングなどは、獣道の進行方向から見て死角になるようにしかけましょう。

引きバネ＋ピンを使ったチンチロトリガー

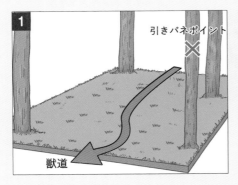

地面から約2m程度の高さで、引きバネが取り付けられそうな場所を探す。このとき、獣道から見て死角になる方向であることも確認すること。

ビニールバンドを使って引きバネの先端を木の幹に2、3回巻き付けてしっかりと縛る。

引きバネを結んでいる木の根元に、針金が通せそうな場所を探す。バネの荷重が強くかかる場所なので、なるべくしっかりとした太さのある根を選ぶこと。根が見つからない場合は、根本付近の幹に縛り付けても構わない。

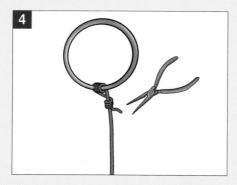

根に結んだ針金の先に、リングを縛り付ける。

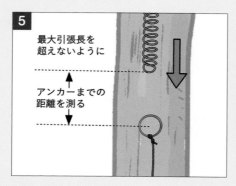

最大引張長を
超えないように

アンカーまでの
距離を測る

引きバネの先を持って、針金に結び付けたリング（アンカーリング）との距離を測る。強化繊維プラスチックやテグスワイヤーなどのヒモを、測った長さぐらいに切り出す。

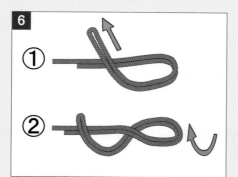

①

②

①糸の先端を折り返して、元線の上にくるようにクロスさせる。
②輪を右にねじって「8の字」を作る。

7

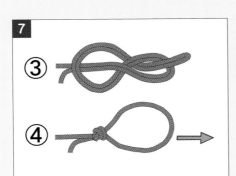

③ヒモの先端を8の字に巻
　いた輪の先に通す。
④先端を引っ張ってループ
　を作る（ダブルエイトフ
　ィギュアノット）。

8

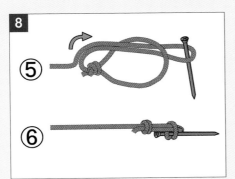

⑤ヒモの元線を、④で作っ
　た輪の中に通し、できた
　輪に釘を通す。
⑥しっかり締めこんで結び
　目を作る（ちちわ結び）。

9

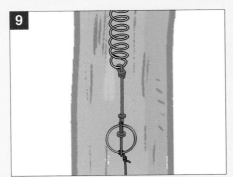

ヒモの端をユニノットなど
で結ぶ。
釘をアンカーリングにひっ
かけて、引きバネを固定す
る。

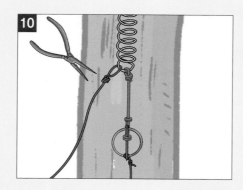

10

引きバネの先に針金を結び
つける。

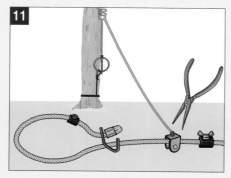

11

針金を引っぱっていき、ス
ネアの豆滑車に結び付け
る。
リードワイヤーを木などに
結んでおく。また、スネア
がまっすぐ上に立ち上がる
ように、スネアの内側に小
枝を立てておく。

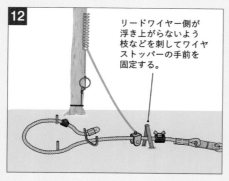

12

リードワイヤー側が
浮き上がらないよう
枝などを刺してワイヤ
ストッパーの手前を
固定する。

引きバネでスネアが引かれ
たときに、リード側が持ち
上がらないように、蝶ネジ
ワイヤストッパーの前を小
枝などで固定する。

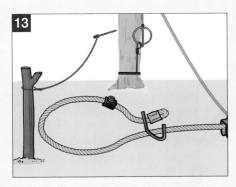

13

強化繊維プラスチックのヒ
モを釘にちちわ結びで結び
付けて、蹴糸を設置する。
獲物が来る方向がわかって
いる場合は、進行方向のや
や奥に設置する。

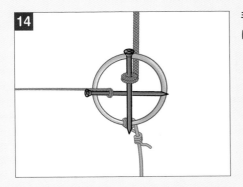

14

手順9で固定した釘の後ろ
に、蹴糸側の釘を差し込む。

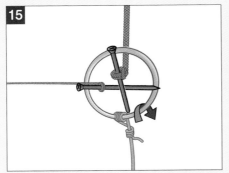

15

バネ側の釘を、リングの上
部と、蹴り糸の釘の2点で
支えるように調整する。暴
発させないように慎重に作
業すること。

3

実
猟
編

引きバネ+チンチロ金具トリガー

トリガーに回転型チンチロをセットする場合は、前項3の木の根にアンカー用の針金を通すところまで同じです。

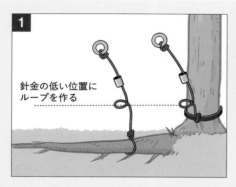

1

針金の低い位置に
ループを作る

アンカー用の針金の途中にループを作る。次にスリーブS（小さなリングでも可）を入れ、針金の先端にワッシャを結びつける。

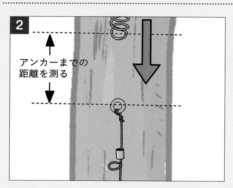

2

アンカーまでの
距離を測る

引きバネを引っ張り、アンカーリングと引きバネの先端までの距離を測り、同じ長さだけ針金(ヒモでもOK)を切り出す。

3

針金をチンチロ金具の支点と、引きバネの先端に結び付ける。
短腕をアンカーリングにひっかける。

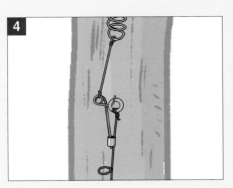

長腕をアンカー側に寄せて
スリーブSでロックする。

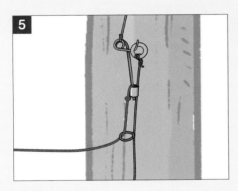

蹴糸を引っぱってきて、ア
ンカーに作った輪に通し、
スリーブSに結び付ける。

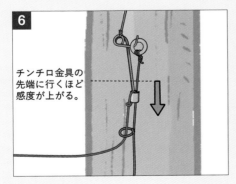

チンチロ金具の
先端に行くほど
感度が上がる。

スネアとリードワイヤーの
設置を済ませたら、最後に
スリーブSを長腕の先端の
ほうにズラす。あまりギリ
ギリに調整すると暴発の危
険性が高まるので、ある程
度余裕を持たせておく。蹴
糸も若干余裕を持たせてお
くこと。

3

実猟編

蹴糸を張る高さを調整する

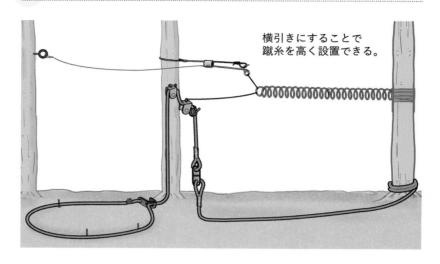

横引きにすることで
蹴糸を高く設置できる。

　引きバネ式の蹴糸は、一般的には足がかかる位置に設置しますが、イノシシやシカを狙い撃ちしたい場合は高い位置に設置することもあります。蹴糸を高い位置に設置するためには、チンチロ自体を高い位置にもっていかなければならないので、必然的に引きバネをかなり高い場所にかけなければいけません。しかしこれでは作業がしづらいので、引きバネを上図のように横引きにしましょう。ただしこのままではスネアが横向きに引っ張られるので、獲物の足にかからずにすり抜けてしまう可能性があります。そこでスネアの真上に滑車を固定しておき、ワイヤーが引かれたらスネアが真上に立ち上がるように工夫しましょう。

ピンの代わりに踏板を使う

　引きバネ式のチンチロは、ピンやリングだけでなく、100円ショップに売っている網のような物も使えます。これは網の端がバネ側の釘と噛みあうようにして設置するトリガーです。設置場所としては、例えば段差になっている斜面など、獲物が登ってくるときに高い確率で足を着く位置がわかるような場所で有効です。トリガーが足の位置に来るので高確率で引きバネを起動させることができます。

引きバネ式＋踏板トリガーを設置する

木から吊り下げて使う
のが一般的な引きバネで
すが、直接型のトリガー
を使うこともできます。
ただし、木の上から引っ
張った引きバネに踏み板
に結び付けると、内筒が
引かれて浮き上がってし

まいます。そこで引きバネを長い塩ビ管などに入れて、横向きに埋めるよ
うにして使います。

　横向きに埋める引きバネ式くくりわなは、押しバネ式よりも塩ビ管が長
くなるため設置するスペースが広くなるといったデメリットがあります。し
かし引きバネは押しバネよりも扱いが楽なので、再設置が楽といったメリ
ットもあります。急斜面など獲物の踏み込みが深くなるような場所であれ
ば、横引きのデメリットである"かかりの浅さ"もある程度解消できるので、
試してみるとよいでしょう。

ねじりバネ式くくりわなのしかけ方

　ねじりバネ式くくりわなは、設置が簡単なので、踏み板式のトリガーと合わせてよく使われています。ただし、ねじりバネにも構造上の弱点があるため、その点に注意して設置しなければなりません。

コイル部に負荷がかからないように

　ねじりバネの最大の弱点は、コイル部に荷重がかかることです。ねじりバネはコイル部分を中心に回転の力（モーメント）が発生するバネなので、最もモーメントが小さくなるコイル部に負荷が加わ

ねじりバネやワイヤーを踏まれると不発する可能性がある。

ると起動しなくなるといったリスクがあります。そこでねじりバネをしかける際は、このコイル部分に獲物が乗らないように設置しましょう。

ねじりバネ＋踏み板式をしかける

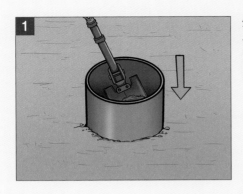

1 外筒を地面に押し付けて、その中を掘っていく。

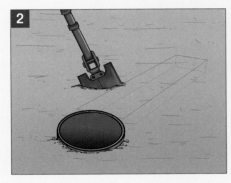

2 外筒に接する形で、ねじりバネよりも少し長めの穴を掘る。深さは20cmぐらいでよい。

3 内筒にスネアをかませて引き縛り、蝶ネジワイヤストッパーをしっかりと止める。

3

実猟編

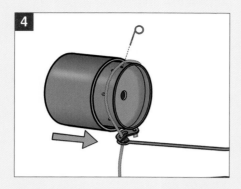

内筒に外筒を差し込み、内筒にスネアが外れないようにピンを差し込む。

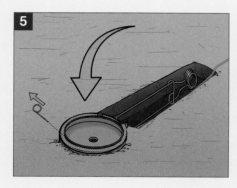

掘った穴にねじりバネを設置し、くくり金具を折り曲げるようにして外筒を埋める。内筒の上面が地面と同じ高さまで埋まったら、ピンを抜く。

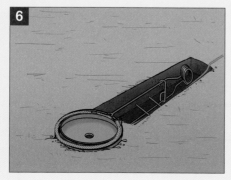

ねじりバネが左右に倒れないようにするとともに、バネが真上に開くようにする工夫として、ねじりバネの下に木の枝を差し込んで添え木にする。

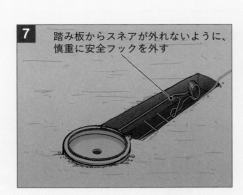

7 踏み板からスネアが外れないように、慎重に安全フックを外す

バネの安全フックを取り外して、スネアにテンションをかける。

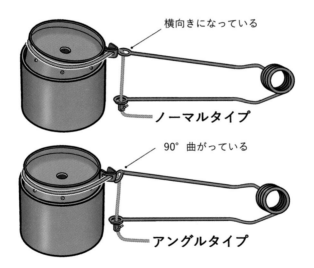

横向きになっている

ノーマルタイプ

90°曲がっている

アングルタイプ

　ねじりバネで踏み板式トリガーを使うと、くくり金具が噛んで内筒が手前に少し浮いてしまいます。よって設置するときに、ねじりバネのコイル部分を少し浮かせてまっすぐになるように調整しましょう。なお、ねじりばねには腕の先端がL字型になっているものもあり、このタイプでは内筒がきれいにまっすぐ入ります。ただしL字型は横引きに使えなくなるといったデメリットがあります。

わなを隠す

　くくりわなをしかけたら、土や落ち葉などで可能な限りわなを覆い隠しましょう。また土をかけるときは、なるべく周囲の土と同じ高さにして、土の固さも同じになるように調整しましょう。

獣の目からはキラリと光るものがよく見える

　獣の目は、色を判別する視力は低いですが、光を集めて暗い場所を見る視力は優れています。よって、隠し損ねたワイヤーがキラリと光ると、獲物の警戒心を高めてしまうので注意しましょう。

　ワイヤーなどを隠す場合は、掘り起こした土をかぶせるのではなく、周囲から少しずつ表層の土を集めてかけるようにします。これは、土は深さによって臭いが違うため、土でワイヤーを覆い隠したとしても、臭いで獲物に違和感を与えてしまうからです。

　また、わなを隠すときは、必ず一度四つん這いになってみて、獲物の視点からわなを観察しましょう。人間の目線は他の野生動物に比べてかなり高い位置にあるので、四つん這いになってみないと本当にわなが隠れているかわかりません。完璧に隠しきれたと思っていても、驚くほど隠しきれていない部分が見つかります。

新路上に『またぎ枝』を置く

くくりわなでは、どんなに上手にわなを隠したとしても、踏板の端を踏まれたり、蹴糸を変な方向から蹴られたりすると、捕獲することができません。そこで、『またぎ枝』を使ってトリガーを踏む可能性を高めましょう。野

生動物にとって足をケガするのは致命的なので、グラグラする木の上や、ツルツル滑る石の上に足を着くことを嫌がり、大抵はこのような障害物はまたいで通ります。そこで木の枝や石をまたいだ先にトリガーがくるように置いておけば、トリガーを踏む可能性を高めることができます。もちろんこれで獲物が100%トリガーを踏むとはいえませんが、何も工夫をしないよりかは確率をグンと高めることができます。

目立つ位置にわなネームプレートを設置する

わなの架設が完了したら、ネームプレートに住所、氏名、電話番号、狩猟者登録の番号などの情報を、簡単に消えないように油性マジックで書きます。

ネームプレートを設置する理由は、わなの責任者を明確にするだけでなく、他のハンターが、わなに獲物がかかっているのを発見した場合に連絡をするためでもあります。よってネームプレートを設置する場所は、わなの近くで人の目の届く高さの木の枝などに、針金で固定して吊り下げておきましょう。リードを結んでいる木に吊り下げてしまうと、獲物がかかったときにネームプレートを見に行けなくなるので避けましょう。

3
実猟編

箱わなをしかけよう！

今日も
エサ食べられて
ないですね。

箱わなのまわりにはたくさん足跡が
あるから、すぐ掛かると思ったんですが、
まさか1週間たっても入ってこないとは…。

もっと果物とか
箱わなの中に
入れましょうか？

いやいやそんな
無計画にエサを
入れても意味ないよ。

箱わなのまわりに
エサをまく

箱わなの中に
誘導する

箱わなにトリガーを
しかける

箱わなにおける
エサのまき方は、
3段階に分けて考えよう。
急に獲ろうとしてもダメだ。

くくりわなとは
全然違うんですね。

くくりわなは警戒されない工夫

箱わなは警戒を解く工夫

箱わなはくくりわなと違って『見えてるわな』だ。
くくりわながターゲットに警戒されない工夫が必要なのに対して、
箱わなは警戒を解く工夫が必要だ。

それと箱わなには、目的の
ターゲット以外でわなを
作動させない工夫も必要だよ。
わなが作動したところを見て
学習してしまうからね。

ガチーン！

これは危険な物
なんだな…

スマートディア化

餌で油断させたところを
一撃必中でしとめるのが、
箱わなのコツだよ。

天使から　　　一転　　　だまされた！！

NEXT PAGE

箱わなをしかけよう

箱わなは単純そうに見えますが、獲物の警戒心を解いていく戦略性が必要になります。また、捕獲に失敗すると獲物に危険だと学習されてしまうので、捕獲を決行するタイミングも重要です。

箱わな猟の考え方

　箱わなは「ただ置いておけばよい」と思われがちですが、実際はかなり扱いの難しいわなです。ここでは箱わなを運営するポイントについて詳しく見て行きましょう。

箱わなは『見えているわな』

　くくりわなと箱わなは同じ"わな"に分類される猟具ですが、実際には全く別物と言える猟具です。まずくくりわなは、ターゲットから"見えていないわな"です。そのためハンターは獲物に警戒心を与えないように、ワイヤーやトリガーをしっかり隠さないといけません。

対して箱わなは、ターゲットから"見えているわな"なので、初めから獲物の警戒心は最高潮に達します。そこで餌を使って獲物の警戒心を少しずつ解いてやり、完全に警戒心が解けたところでトリガーをしかけて捕獲することになります。

餌は周囲の環境とのパワーバランスを考える

箱わなでは獲物の警戒心を解くために餌を使います。しかし餌は適当に撒けばいいというわけではなく、なによりも獲物が『危険だとはわかっているけど箱の中の餌を食べなければならない』といったような状況に持ち込まなければなりません。例えば、自然界に餌が少ない時期にしかけたり、自然にある餌よりも高栄養価の餌を使ったり、ターゲット以外の動物も呼び寄せて餌を競い合わせるように仕向けるなど、周囲の環境を読んで餌の種類や量をコントロールすることが重要になります。

箱わなに二度目のチャンスはない！

箱わなではターゲットを決めたら、一発目のトリガーで確実にしとめなければなりません。くくりわなの場合は"見えていないわな"なので、捕獲しそびれた獲物であっても再度トリガーに引っかかるチャン

スはあります。しかし箱わなは"見えているわな"なので、一度でも「この箱の中は危険だ！」と察知されると、二度目のチャンスは絶望的です。例えばイノシシを捕獲したいのにタヌキがトリガーにかかって扉が落ちたりすると、それを見たイノシシはこの箱は危険であることを学習してしまいます。このように、わなやハンターの存在を学習した野生動物は"スマートディア"と呼ばれ、学習が積まれるほどわなでしとめるのは難しくなります。

3
実猟編

箱わなの設置場所

　箱わなを設置する場所は、わなが傾かない平らな土地であればどこでもかまいませんが、ある程度の作戦を持ってしかければ、箱わなに獲物が入る可能性はグンっとアップします。

箱わなは平らな土地に置く

　くくりわなは、バネの種類を変えることで、固い岩石の上から柔らかい泥の上まで、いたるところに設置することが可能でした。しかし箱わなの場合は長期間設置しておかなければならないので、地面が柔らかすぎたり崩れやすかったりする場所にしかけることはできません。また、くくりわなはトリガーを工夫することで斜面にしかけることができましたが、箱わなは扉を落とさないといけないため、傾いている場所に置くことができません。そこで箱わなは、山のふもとや、農地の脇、河原など、

地面が程よく固くて平坦になっている土地に置かれます。

　ただし箱わなは、なるべく開けた土地よりも遮蔽物に囲まれた土地に置くようにしましょう。小型箱わなの場合は倒木の下や藪の中などに隠すようにしておくと、ターゲットの警戒心を和らげることができます。また、動物は必ず1日1回は水を飲みにやってくるので、沢や川に接続している獣道があれば、そのすぐ脇は箱わなを置く絶好のスポットになります。

農業被害を防止する場合

　箱わなは、農業被害を引き起こしているターゲットを狙い撃ちにするのにも効果的です。ただし農地のど真ん中に箱わなをポツンと置いていても警戒心が高まるだけなので、獲物の行動を予想して最適な場所にしかけるようにしましょう。

しかける場所	理由
フェンスの境	農地を囲んでいるフェンスや塀の横。農地に侵入を試みようとしている動物がいる場合は、農作物を餌にしてフェンスに沿って置いておくと効果が高い。
ウネの間	作物を植えるために土を盛り上げたウネとウネとの間。すでに農地に動物が侵入している場合、畑の通路になっているところに箱わなを置いておくと効果が高い。
果樹の下	果樹園内に動物が侵入している場合、果樹の真下に箱わなを置いて、地面に落ちている摘果した実や腐った実を綺麗に掃除する。箱わな内の餌の魅力を相対的に上げることで、一時的に箱わなの効果が高くなる。

わなネームプレートを忘れずに

　箱わなを設置したら、忘れずにわなのネームプレートも設置しましょう。くくりわなのように、よく目立つ木の枝にくくりつけておけばよいですが、箱わなに直接結び付けておいてもOKです。

餌の種類

　箱わなに使用する餌は、植物餌、肉餌、人工餌の3種類に分けられます。基本的には、その動物が肉食性か草食性かで餌を選べばよいですが、動物は環境や季節によって餌に対する嗜好性は変わってくるので、試行錯誤も必要になります。

獲物と環境に応じて餌を選ぶ

　餌を選ぶ際、まずターゲットが肉食動物なのか草食動物なのかを考えましょう。当然、ノウサギを捕獲するための餌に肉を置いても意味はありませんし、キツネを捕獲する餌に干し草を置いても効果はありません。

　しかし実際は、完全草食や完全肉食といった動物は少なく、日本に生息しているほとんどの野生動物は"草食・肉食傾向の強い雑食性"になります。例えばシカは草や木の芽を食べる草食動物として知られていますが、大雪などで植物系の餌が枯渇した場合、動物の死体なども食べることがあります。また普段は山の中で野ネズミや鳥を狩って食べているキツネであっても、餌が枯渇したときは人間の生活圏に降りてきて、残飯やペットフードなどを食べるようになります。このように動物は餌に対して"嗜好性"はありますが、環境や餌の豊富さによって食べるものはだいぶ変わります。

種類	特徴	餌
植物系餌	自然界に存在する木の実や農作物など。 習慣性がある餌は魅力が上がる。 地域性から外れると魅力は下がる。	果実、野菜、根菜など
肉系餌	動物の肉や内臓など。 肉食性に対して魅力は高い。 雑食性に対しては植物系の餌が枯渇すると魅力が高くなる。腐敗すると魅力は下がる。	肉、内臓、魚、動物の死体など
人工餌	自然界にある餌よりも栄養価が高い餌。 粒状やゼリー状の物ほど魅力は上がる。 食べ物が豊富にある時期でも効果的だが、ランニングコストがやや高い。	米ぬか、砂糖菓子、アルファルファなど
特殊餌	そこに住む動物が食べなれている餌。 人間の生活圏内に生息しており、日ごろから残飯をあさっている野生動物など。	残飯など

3

実猟編

　使用する餌は、ひとまず砂糖菓子などの栄養価の高い物が万能に使えます。しかし、これらはコストがかかるため、農家さんから廃棄された野菜や果物、また狩猟で捕獲した動物の残滓がタダで手に入るのであれば、これらを利用した方がよいでしょう。ただし廃棄された農作物や残飯を使う場合は、その餌の味を覚えた獲物が農地や住宅地を荒らすことがないように、必ずしとめきらなければなりません。

個体によって好き嫌いはある

　私たち人間にも個人個人に食の好みがあるように、野生動物にも食べる物に好みがあります。よって、ターゲットが餌のまわりをウロウロするばかりで食べないのであれば、少しずつ餌の内容を変えて様子を見るようにしましょう。ただし初めは餌を食べなくても、他の餌が枯渇し始めたり、その餌を食べるライバルが出現したりすると、途端に食べてくることもあります。このあたりの駆け引きは個性によるものなので、その都度対応を考えていくしかありません。

植物系の餌

　リンゴやミカン、バナナなどの果物は、イノシシやアナグマなど草食傾向の強い動物が好みます。ただし果物は、大量に同じ種類の果物が植わっている果樹園などでは効果が高いですが、山にリンゴがポツンと置いてあっても効果はほとんどありません。同様に野菜や根菜も、同じ種類の農作物が植わっている土地では嗜好性が高くなりますが、周囲にそのような植物が無い土地では効果はかなり薄くなります。よって植物系の餌を使う場合は、必ず周囲の環境に合わせるようにしましょう。なお、箱わなで穀物類の餌を使うと、よく鳥類が入ってくるので注意しましょう。

肉系の餌

　鶏肉や魚の干物といった肉系の餌は、タヌキやキツネ、イタチ、アライグマといった肉食傾向の強い動物に効果があります。お店でこれらを購入すると餌代がバカにならないので、ハンターの間では捕獲した動物を解体したときに出た肉や内臓（残滓）が利用されます。残滓は時間がたってくると強い臭いを出し誘引性を持ちますが、腐敗が進んだ餌は嗜好性が下がるので、まめに取り換えましょう。

米ぬか

　わな猟の世界で一番よく使われる餌が米ぬかです。米ぬかは栄養価が豊富で吸収が早く、さらに強い臭いを出すので、シカやタヌキ、アライグマ、イノシシが好んで食べます。米ぬかをお店で買うと1kg 30円ほどしますが、コイン精米所にはタダで米ぬかを持ち帰れる所もあるので探してみましょう。ただし猟期が始まるとタダで手に入る米ぬかは早い者勝ちになるので、1カ月前ぐらいからちょくちょくコイン精米所をのぞいて、都度、米袋に詰めてキープするようにしましょう。なお、米ぬかは湿気るとすぐにカビるので、保管には注意しましょう。

砂糖菓子

　食べたことはないはずなのですが、なぜか野生動物の多くは甘いお菓子が大好きで、特にタヌキ、アナグマ、アライグマ、テンといった動物に効果が高い餌です。わな猟では"キャラメルコーン"がよく使われますが、コンビニの100円菓子コーナーに売られている"かりんとう"もコストパフォーマンスがよくておすすめです。

アルファルファ

　アルファルファはムラサキウマゴヤシと呼ばれるモヤシに似たマメ科の多年草で、主にウシやウマなどの飼料に使われます。狩猟においてはシカやノウサギに効果が高く、他の動物には見向きされないため、

寄せる動物を限定できます。動物の餌として扱われているアルファルファは、ほとんど"ヘイ"と呼ばれる乾燥された状態で扱われており、シカを餌付けする場合にはアルファルファヘイを正方形に固めた"ヘイキューブ"が使われます。またノウサギを餌付けする場合は、アルファルファヘイを細かく断裁して固めたアルファルファペレットが使われます。

ペットフード

　ペットフードも野生動物に対して効果の強い餌で、タヌキ、キツネ、アナグマ、アライグマなどに効果があり、特に餌が少ない時期にはたんぱく質や脂質が多いキャットフードに人気が集まります。コストパフォーマンスは非常に悪いですが、缶詰型のペットフードはつねに高い誘引効果を発揮します。ただし人里が近い場所でこのような餌を使うと、ノラ猫やノラ犬がかかってしまうので注意しましょう。

3

実猟編

餌の撒き方

　箱わなに使う餌は、箱わなの中に大量に置いておけば良さそうに思われ
ますが、このような撒き方ではよっぽどの理由がない限り獲物は警戒して
入ってくれません。そこで餌は段階的に撒いていくようにしましょう。

Step.1 『寄せる』

　魚釣りでは、針に付いた餌を大海原にポツンと浮かべても魚がかかる可
能性は低いので、まず餌を広い範囲に撒いて遠くから魚を寄せる『撒き餌』
をします。これは箱わなにおいても同様で、餌はまず箱わなのまわりに撒
いて獲物を呼び寄せるように使いましょう。

　撒き餌をする距離は山の形状や環境によってだいぶ変わりますが、基本
的には遠くに薄く広く撒き、箱わなに近づくほど濃く撒いていきます。寄
ってくるのはターゲットとしている動物だとは限りませんが、餌を競い合
う"ライバル"が増えることで、ターゲットが箱わなに入ってきやすい雰囲
気を作り出します。なお、すでに農作物の被害が出ているなど、獲物の存
在がわかっている場合は、寄せ餌をする必要はありません。

Step.2 『警戒を解く』

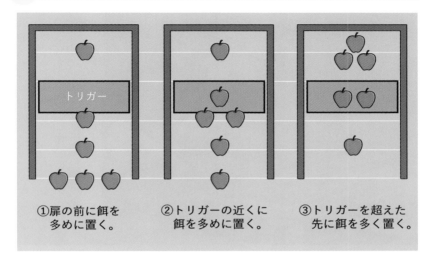

①扉の前に餌を
　多めに置く。

②トリガーの近くに
　餌を多めに置く。

③トリガーを超えた
　先に餌を多く置く。

3

実猟編

　箱わなの周りに残されたフィールドサインや、トレイルカメラの映像からターゲットが寄ってきていることがわかったら、次に箱わなの入り口に多めに餌を置いてトリガーに向けて少量の餌を置いていきましょう。この時点では獲物をしとめることは考えず、「箱の中は餌がある」ことを学習させます。

　入口付近の餌を完食するようになったら、入口の餌は絞っていき、箱の中に餌を多く撒くようにします。餌はトリガーをしかける位置より少し先まで置くようにして「箱の中は安全である」ことを学習させましょう。

　小型箱わなでタヌキやキツネなどをしとめる場合、この時点でトリガーをしかけても構いませんが、大型箱わなで大人のシカやイノシシを捕獲したい場合は、トリガーをしかけるのはまだ待ちましょう。箱わなの中の餌は、比較的警戒心が緩いタヌキやアナグマ、ウリ坊（イノシシの子供）が先に入って食べます。経験を積んだ大人のシカやイノシシは、これらの姿を遠巻きから観察しており、「この箱の中は安全だ」とわかってから入ってきます。よって、トリガーを早い段階からしかけて小物たちをしとめてしまうと、本命のターゲットに「危険だ！」と学習されてしまうので注意しましょう。

トリガーをしかける

　箱わなの中に残された足跡やトレイルカメラの映像を見て、ターゲットが確実に箱わなの中に入って餌を食べていることが確認できたら、いよいよトリガーをしかけましょう。ここで失敗してしまうと、これまでの努力が水の泡になってしまうので、慎重に作業をしましょう。

Step.3 『トリガーに乗せる』

　踏み板式のトリガーの場合は、ロックを外して扉が落ちる状態にしましょう。このとき餌は、踏板の上と、その少し先に置くようにして、踏板の上の餌を食べた獲物がそのまま目の前の餌を食べに行くように誘導します。

　蹴糸の場合も同様に、蹴糸の真下と、その少し先に餌を置き、蹴り糸に引っかかるよう誘導します。ただしトリガーに蹴糸を使う場合は、急に糸を張ると獲物の警戒心が高まってしまうため、Step2の段階で扉に連結しない『ダミーの蹴糸』を張っておきましょう。本物の蹴糸を張る前の段階から"糸が張られている"という状況に慣れさせておくと、本命の蹴糸をかけても警戒されにくくなります。

トリガーは重く・高くする

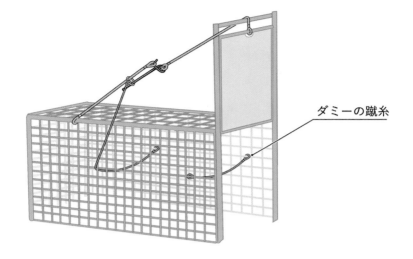

ダミーの蹴糸

　これまで着々とターゲットの警戒心を解いて準備してきたにもかかわらず、運悪くトリガーをしかけた日にタヌキがやってきて、本命よりも先にトリガーに触れてしまうこともあります。このような、泣くに泣けない失敗をしないためにも、踏板を使ったトリガーはできるだけ『重く』、蹴糸を使ったトリガーはできるだけ『高く』設置しましょう。大物のイノシシの場合は、体重は50〜90kg、体高は60〜120cmで、タヌキやキツネなどの中型哺乳類は、体重約4〜5kg、体高は40cm程度です。よって、踏み板式のシーソーは小枝を2本ほどはさんでおき、蹴糸は50cmほどの高さにしかけておけば、狙った獲物以外でトリガーが起動することはありません。

　トリガーの感度を鈍くさせることは少々気が引けることかもしれませんが、箱わなでは、たとえ獲物を捕獲できなかったとしても、扉さえ落ちなければ再戦のチャンスは必ずあります。逆に一度でも獲物に『この箱は危ないものだ』と学習されてしまうとチャンスは二度と訪れないので、とにもかくにも無駄に箱わなを作動させて警戒心を与えることだけは避けるようにしましょう。

シートを被せてコンパネを敷く

　設置した大型箱わなは、そのままの状態でも獲物を捕獲することができますが、シートを上にかぶせたり、底面にコンパネなどを敷くことで効率的に運用することができます。

雨を防ぐシート

　シートは箱わな内の餌を長持ちさせるためにかぶせます。中の餌に雨や雪が触れると、箱わな内の餌が腐って誘引効果が下がるため、ビニールシートやゴム板などを被せておきましょう。

　なお、かぶせたビニールシートなどは、風で飛ばないように石などの重しを置いておきましょう。

　上面にトリガーがあるタイプの箱わなでは、そのままでは何かを被せることはできません。そこでビニー

ルシートを一部切り取るなどの加工をして工夫してください。

掃除をしやすくするためのコンパネ板

　大型箱わなの底面には、コンパネ板などを敷いておくのをオススメします。地面にそのまま餌を撒くと、湿気によってカビが発生してしまい誘引効果が下がります。また、メッシュの間に餌が残ってしまい、掃除するのが難しくなります。

　そこでコンパネ板を敷いておくことで餌を長持ちさせることができ、さらに掃除するときもコンパネ板を引き出すことで残滓を綺麗に取り除くことができます。

　コンパネ板はホームセンターに売られていますが、箱わなのサイズに切り出す必要があります。ノコギリで加工するのは大変ですがホームセンターによっては切り出しをサービスで行ってくれるところもあるので、あらかじめ箱わなのサイズを控えておきましょう。

コンパネ板でイノシシの突進力を抑える

　箱わなの底にコンパネ板を敷くと、『イノシシの突進を防ぐ』という効果もあります。これは、コンパネ板の表面はツルツルしているため、イノシシが突進をしようとしても、足を滑らせて上手く加速ができなくなるからです。特にワイヤーメッシュ製の箱わなに大型イノシシがかかると、突進で箱わなを歪ませてしまうことがあるので、コンパネを敷くのはかなり有効な工夫だと言えます。

3

実猟編

見回り

わな猟は、わなをしかけただけで終わりではありません。わなをかけた次の日から原則として"毎日見回り"をしなければなりません。とはいえ、一般的なサラリーマンや学生さんは、毎日の見回りは難しいのではないでしょうか。そこでここでは見回りを少し楽にするテクニックを紹介します。

見回り

　見回りはわなをしかけた翌日から始まります。初めのうちはわなに獲物がかかっていないかワクワクドキドキですが、何一つ変化のない日々が1週間2週間と続くと、さすがに見回りもおっくうになってきます。そこで見回りは仲間内で分担したり、IoTを活用したりして、省力化できるように工夫しましょう。

原則毎日見回りを

　本節では、わなの見回まわりについてIoTの活用例などをご紹介しますが、見回りの原則は"毎日自分の目で見て確認"です。例えば罠シェアリングで見回りの分担をしても、自分のしかけたわなを確実に見回ってくれている保証はありません。

　またIoTを利用した方法であっても、カメラや発信機などの電子部品は雨で故障したり、バッテリー切れで停止していたりとトラブルもあるため、確実な方法とは言えません。

　そこでわなをしかけるときは、見回りのしやすさも考慮して場所を選ぶようにしましょう。また、平日どうしても見回りができない人は、平日中はわなに安全装置をかけておき（わな猟では"フタをする"と言う）、休日前の夕方からトリガーを起動させるといった『休日ハンタースタイル』でもよいでしょう。

テクノロジーを活用する

　近年、急速に発達しているインターネット技術を応用して、わなに獲物がかかったら自宅のパソコンやスマートフォンに、その情報を送信するサービスが開始されています。これらのサービスはまだ実用テスト中の物が多いですが、動画を転送してくれるものや、月額500円程度といった格安のものまで、サービスの内容は様々です。また、電波を利用して車に乗った状態でわなの稼働状況をチェックして回れるような発信装置も開発されています。

罠シェアリングで見回りの手間を分担する

　どうしても自分で見回りができない場合は、代行をお願いしましょう。わなハンターの中には、わなを共同で購入し、時間がとれる人が見回りを行い、獲れた獲物は皆で分かち合う"罠シェアリング"を行う人たちもいます。1つのわなを複数人で管理する罠シェアリングでは、故障や空ハジキをしたわなであっても、ネームプレートを架け替えることで再設置できるといったメリットもあります。

トレイルカメラ

　わなに獲物がかからない日々が続くと見回りに行くのは退屈になってき
ますが、トレイルカメラをしかけておけば、わなに近寄ってきた獲物の反
応を見ることができるので、モチベーションの維持に効果的です。また最
近では携帯電話回線を使って指定したメールアドレスに写真や動画を送信
する物も登場しています。

トレイルカメラとは

　トレイルカメラは人間がシャッターを操作しなくても自動的に動画や写
真を撮影してくれる道具です。十数年前までは防犯用や野生動物の調査・
研究用のカメラとして使われていましたが、近年では値段が安くなったこ
とにより趣味の世界でも盛んに利用されるようになりました。

　わな猟に使うトレイルカメラは乾電池などのバッテリーで駆動するもの
が主なので、常に撮影をし続けるアクティブセンサー方式よりも、センサ
ーが感知したときだけ撮影を開始するパッシブセンサー方式が最適です。
トレイルカメラのセンサーは、前方に赤外線を照射して、跳ね返ってきた
時間に変化があると『動いている物体がある』と感知して撮影を開始しま
す。そのため返ってくる赤外線を受け取るセンサーの性能がよいほどトレ
イルカメラの性能は高くなります。

わな猟に使うトレイルカメラを選ぶポイント

　トレイルカメラは海外のメーカーから様々な種類が出されており、値段も5,000円程度から十万円を超える物まであります。日本のわな猟に使うトレイルカメラは、もちろん性能がよいに越したことはありませんが、海外のサファリで利用されるような遠望・広角機能の物や、野生動物のカメラマンが使うような高解像度・高反応の物はオーバースペックといえます。よって、ひとまず次のような性能の物を基準に選んでみましょう。

サイズ	木の幹に括り付けられるサイズのもの。 150×100mm程度で、厚みは70mm程度が使いやすい。
照射距離・画角	照射距離20m、画角は50°以上。
トリガースピード	撮影が開始されるまでの時間。1.0秒程度。
バッテリー	単三乾電池8本が扱いやすい。 ソーラーパネルタイプは電池交換はいらないが、見回りは基本毎日なので、必要性は薄い。
記録	SDカード方式。4GB以上は必要。 32GBあれば1か月間はかけたままにしておける。
撮影方式	必ず夜間撮影できるもの。 ストロボによる夜間カラーは必要なし。

3

実猟編

　カメラの前を横切った動物を確認するのは、720×480サイズ（SD画質）で十分ですが、写真や動画を思い出としても残しておきたい人には1280×720（HD画質）、1920×1080（フルHD）さらには3840×2160（4K画質）というのも販売されています。

　トレイルカメラには本体にモニターが付いており、撮影した動画をその場で確認できる物もあります。こういったタイプは手軽さはありますが、大抵は1〜2年で壊れてしまうので注意しましょう。

　トレイルカメラではブッシュネルというメーカーが有名ですが、このタイプにはモニターは付いていません。現地で動画を確認したい場合は、スマートフォンとSDカードリーダーを持っておきましょう。ブッシュネル製品はAVIという動画形式で保存されるため、再生するためには動画再生アプリを入れておく必要があります。アプリにはフリーの「VLCメディアプレイヤー」などがあります。

防塵・防滴性能はしっかり見ておこう

　狩猟用のトレイルカメラは雨風が当たる野外で使用することになるため、防塵・防水性能を必ずチェックしておきましょう。防塵（チリからカメラの内部を守る性能）と防水性能は、IP規格と呼ばれる国際規格があり、『IP○○』という2桁の数字で、上の位が0〜6段階で防塵性能の高さを、下の位を0〜8段階で防水性能の高さを表しています。つまり最も防塵・防水性能が優れているのはIP68（完全防塵で水中でも使える）になりますが、狩猟ではそこまでの性能は必要ないので、IP55（内部にゴミが若干入っても故障せず、どの方向から雨風が当たっても内部に水が入らない）ぐらいあれば十分でしょう。

　特にインターネットで購入したトレイルカメラは「完全防水機能！」と銘打っておきながらも、しかけて1カ月程度で雨水が機内に侵入して壊れてしまうことがよくあります。安物買いの銭失いにならないように、防塵・防水性能については、必ずIP規格で作られていることを確認しましょう。

トレイルカメラの設置方法

　トレイルカメラは撮りたいものに応じて設置のしかたを変えましょう。まず、獲物が獣道を通っているかどうかを調べる場合は、獣道と並行になるようにしかけて、獣道を歩いてくる動物が長い時間写るようにします。このときカメラはなるべく高い位置にセットし、小枝などを"枕"にして角度を付けましょう。

　箱わなで獲物が餌を食べているかどうかを調べる場合は、箱わな内の状況と餌が写るようにカメラを低めにします。野生動物はカメラを警戒することはほとんどありませんが、なるべく正面から撮るのを避けて、側面にセットしましょう。

　トレイルカメラをしかけたら、いったん試し撮りをしましょう。感度を調整できる機能が付いている場合は、遠くを写すときは感度を落とし、近くを写すときは感度を上げるようにします。

写真を携帯電話に送信するIoTトレイルカメラ

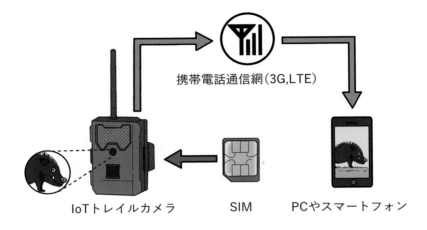

携帯電話通信網（3G,LTE）

IoTトレイルカメラ　　　　　SIM　　　PCやスマートフォン

　トレイルカメラの中には、撮影した写真や動画を自動的に指定したメールアドレスに送る機能を持つIoTトレイルカメラもあります。これは携帯電話で使用されている通信網（3G、LTE）を利用してデータを送受信するトレイルカメラで、"SIM"と呼ばれるカードを装着して使用します。このIoTトレイルカメラをしかけたわなが写るようにセットしておけば、現地に行かなくてもわなの確認ができるため、見回りの手間を大きく省くことができます。

　SIMカードを手に入れるためには、これまでNTT、KDDI、ソフトバンクのいずれかと契約しなければならず、1回線利用するのに月々4,000円近くかかっていましたが、近年MVNO（格安SIMを取り扱う会社）が登場してきたことから、月々数百円程度で利用できるようになりました。

　またMVNOが提供するサービスの中には、現在スマートフォンで使っている契約通信容量を複数のSIMに分けて運用したり、料金先払いの使い捨てSIMが販売されていたりと、様々な広がりを見せているので、IoTトレイルカメラはこれまでよりずっと使いやすくなってきています。

マグネットスイッチが抜けると電波を発信する発信機をわなに組み込んでおく。発信機ごとに発する電波が違うので無線機で聞き分けてどこのわなが起動したか判別する。

　SIMカードを使って携帯電話の回線を利用するIoTトレイルカメラは、見回りの手間を大幅に削減することができます。しかし「もっとコストを抑えて見回りの手間を省きたい！」という方には、電波を使ったわな発信機というのもあります。

動物生体送信機を使う

　わな発信機（動物生体送信機）は、獲物がトリガーを起動させたらスイッチが入り、電波を発信する仕組みになっている装置です。この電波はそれほど強くないので、自宅にいたまま受信することはできませんが、わなをしかけている場所を車で通過することでチェックできるため、わなを分散してしかけている場合は見回りの手間を大きく削減することができます。

　発信機から出される電波の受信は、一般的に使われているトランシーバーを利用します。発信機には個別にシグナル音を設定できるので、トランシーバーで音を聞き分けて、どの発信機が作動しているかを判別します。

　コスト的には1台2万円前後と、やや高めですが、SIMカードのようにランニングコストがかからないので最終的には安く済ませることができます。

技適マーク品を使う

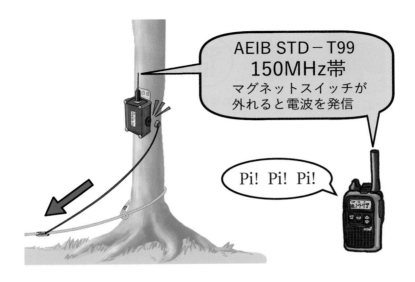

AEIB STD－T99
150MHz帯
マグネットスイッチが
外れると電波を発信

Pi! Pi! Pi!

　電波を発信する装置はアマチュア無線機の専門店などで購入したパーツ
で自作できますが、わな用の電波発信機は『ARIB　STD-T99』と呼ばれる
電波法で定めた標準規格に従ったものでなければなりません。よってこの
規格以外で作られた電波発信機を狩猟に使うと違反になります。

　ちなみに、このARIB STD-T99
という規格は、2017年7月に大幅
な改定を受けて、人間が持って利
用できるようにもなりました。こ
れにより、例えば複数のハンター
が山に入ったとき、お互いの位置
を知らせるためのビーコンとして
利用したり、登山者が遭難したと
きに自分の位置を知らせる緊急
用発信機に利用されたりと、様々
な場面で応用されています。

LPWA通知システム

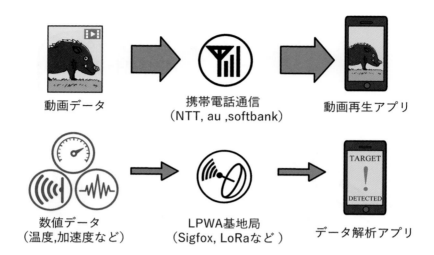

LPWAはSIMカードを使ったIoTトレイルカメラよりも低コストで運用できるシステムです。LPWAの国内での利用開始は2017年からはじまり、2023年現在では各社が様々なサービスを提供しています。LPWAの技術はわな用途以外にも、山奥の建設現場や工場などで、メーターの遠隔監視といった用途で広く使われています。

新しい通信ネットワーク技術

LPWA（Low Power Wide Area）は、携帯電話通信よりも広いエリアをカバーしながらも、携帯電話などとは比べ物にならないほどの低電力で通信を行うことができる技術です。この技術はもともと、プラントや都市インフラといった巨大なプラットフォームにおいて、センサーによって得られた温度や湿度、加速度、電圧といった情報を集中制御室に無線で送るために開発された通信技術です。この技術は現在、農業や林業といった一次産業への応用が推進されており、その中の一つとして『わな猟の発信器』に焦点が当てられています。

LPWAの最大の長所は、デバイス1台あたりのコストが低いことで、1台

数百円程度のコストで運用ができます。また省電力性に優れており、一般的な電池で10年以上も稼働させ続けることができます。

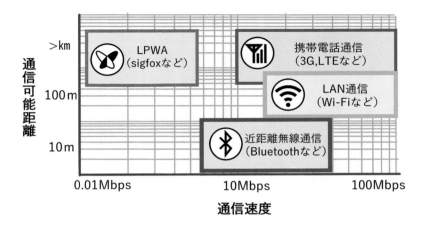

小データを送信するシステム

LPWAが、3GやLTEを利用するよりも、省コスト・省電力になる理由は、『送信するデータが小さいから』です。例えばSIMカードを使ったIoTトレイルカメラでは写真1枚でも大量の色のデータが含まれるため、送信するデータは1,000,000バイト以上にもなります。しかしLPWAは加速度センサーやモーションセンサーの数値を送るだけなので、送信するデータ量は100バイト程度になります。

『どのようなデータをセンサーで取得すれば、わなに獲物がかかっていると判別できるのか』といった解析手法やシステム面で課題は残されていますが、LPWAは携帯電話回線が通じない場所でも利用可能な技術なので、今後中山間地域を中心に、新しい無線ネットワーク通信手段として応用が進められています。

3
実猟編

罠シェアリング

　わなの見回りを省力化する手段として、同じわなハンター同士で見回りの役割分担をする"罠シェアリング"も効果的です。狩猟の世界は、IoTなどを活用したデジタル的な進化も進んでいますが、仲間同士で助け合うというアナログ的な進化も進んでいます。

罠シェアリングとは？

　罠シェアリングとは、わなにかかる必要な費用をグループで出し合ってわなの見回りを分担して行い、さらに獲物を皆で分かち合うといった取り組みです。銃猟では、1本の銃は1人の人間だけが所持することが許される一銃一許可制と呼ばれる決まりになっているため、猟銃・空気銃を他人とシェアして使うことはできません。しかし、わなにはそのような決まりはないので、グループのメンバーがしかけたわなを見回ったときに、空ハジキや故障していた場合は、ネームプレートを架け替えることで再設置が可能になります。

　わな猟の世界はもともと非常に閉鎖的で、わなをしかける場所やテクニックも"ベテラン猟師の知られざる業"であることが多かったわけですが、近年ではLINEやTwitterなどのSNSを利用してわなハンター同士がつながり、わなの見回りや情報交換を行うコミュニティも増えてきています。

わな免許を持たない人も楽しめる

罠シェアリングの大きな魅力は、わな猟免許を持っていない人でも、狩猟を“体験”できることにあります。例えば、わなの架設や見回り・止め刺しは、わな猟免許を取得しているハンターでないと行うこと

猟銃・空気銃は、1つにつき1人しか所持できない（一銃一許可制度）

わなや網は、わな用ネームプレートを交換することで共有ができる。

はできません。しかし、獲物の引き出しや解体、調理、毛皮なめしといった活動は、免許を持っていなくてもできるため、罠シェアリングのメンバーにはわな免許を取得していない人も多く参加しています。もちろん、罠シェアリングに参加した人の中には、「やっぱり自分に狩猟は向いていない」と考え、狩猟免許取得をあきらめる人もいます。しかしこれも狩猟を体験できたから下せる判断であり、罠シェアリングのよい点だといえます。

楽しみ方も様々

東京都あきる野市を中心に罠シェアリングの活動を行っているメンバーには、ベテランのわなハンターを含め、まだ免許を取得していない様々なメンバーが集まっています。この活動の中では、地域にあるワサビ田で

採れたてワサビを食べたり、フィールドワークの一環で山に登ったり、フレンチレストランを行っているメンバーのお店でジビエパーティーを開いたりと、わな猟に限らない様々な楽しみ方を開拓しています。罠シェアリングは『わな猟を行う』という明確な目的がありますが、地域の新しい魅力を発見する活動や、アウトドア好きで集まる新しいコミュニティの創造など、多面的な発展を見せています。

止め刺しは慎重に！

〜くくりわなをしかけてからしばらくして〜

トレイルカメラには
写ってたから、そろそろ
わなをしかけたあたりに
来ると思うんだが。

そう簡単にイノシシは
わなに掛かんねえよ。
まあ気楽に見回ろうや。

スパァン

ヒィ〜〜

あ

私がしかけた
わなに
掛かってる…。

オスのイノシシだ。
20貫はあるな。

フーッ

わ、私が止め刺し
してきますっ！！

うわ！！むやみに
近寄るな！！

わなに掛かった動物は
興奮していてすごく危険だっ！！
まずは状況を分析して
必要な装備を決めないと！！

このスコップでたたいて
気絶させて…

ズズズ

止め刺しのチェック事項

□ 獲物の足の高いところをくくられているか。
□ 獲物が土俵(ワイヤーにつながれた獲物が暴れて、
　　地面が円状に慣らされた地面)よりも外にはみ出していないか。
□ リードワイヤーを繋いだ木が折れたりしていないか

箱わなの場合は扉のボルトが緩んでいないかなど。

止め刺し

わなにかかった獲物にとどめを刺す "止め刺し" は、獲物の動きを拘束して、ナイフで正確に急所を刺さなければなりません。抵抗する野生動物にとどめを刺すのは非常に難しいことですが、"命をいただく" という重さを受け止めながら、気を引き締めて取り組みましょう。

怒れる野生動物の恐ろしさ

　わなをしかけて数日〜数週間後、いつものように見回りをしていると「ガサガサ」としかけたわなの方向から音がします。そこにいたのは念願の獲物の姿。あなたは初めて見る獲物の姿に喜びと興奮を感じるかと思いますが、ここはいったん冷静になりましょう。

窮鼠猫を噛むわな

　わなにかかった獲物は1％でも生き延びる可能性を探して、こちらに牙を向け威嚇してきます。もしこのとき、わなが壊れたり、不用意に近づいたりして反撃の機会を与えてしまうと、怒れる野生動物は敵に対して容赦しません。

止め刺しはわな猟の中でも特に危険がともなうので、慎重に行わなければなりません。実際にわな猟では、捕獲した獲物から反撃を受けて死亡する事故も報告されています。しか

しこれらの多くは、ハンターの"油断"からきており、しっかりとした装備を使って、手順を守って止め刺しを行えば、回避することができます。怒れる野生動物に謝罪の言葉や命乞いは通用しません。動物の命をいただくことには、こちらにも相応のリスクがあることを十分に理解して、止め刺しには真剣に取り組みましょう。

感謝して"命をいただく"こと

止め刺しは無用な苦しみを与えないように、可能な限り手際よく行わなければなりません。その動物がたとえ田畑を荒らしていた害獣であったとしても、生きるためにとったその行動に罪はありません。よって、とらえた獲物には感謝の念をもって対峙することが、"油断"を生まないためにも非常に重要です。

"苦しみを与えずに命をいただく"というのは畜産業界や生命科学の分野でも議論をされる難題ですが、狩猟の世界においては『ナイフで急所を突いて失血死させる方法』と『銃器により脳幹を打ち抜く方法』の2択が最も苦しめない方法と考えられています。ただしどちらの方法においても、正確に急所を狙うためには、いったん獲物の動きをしっかりと拘束するか、気絶させて動きを完全に封じなければいけません。

止め刺しはわな猟において最も危険がともなう作業です。そこで初心者のうちはベテランのハンターに指導を受けながら行うようにしましょう。また錯誤捕獲などで獲物を解放する場合も、可能な限り先輩ハンターに同行してもらうようにお願いしましょう。

まずは観察する

　わなに近づくときは、獲物がかかっているか・いないかに関係なく、まずは遠目から周囲の状況を観察しましょう。

わなに近づくときの注意点

　わなに近づくときは、まずはリードワイヤーが変な方向に伸びていないか確認しましょう。シカの場合は遠くから人間が近づいてくると、暴れて「ガサガサ」と音を立てますが、例えばアライグマやハクビシンの場合は木に登ってジッとしていることもあります。「何も音がしない」と油断して近づくと、いきなり木の上から飛び掛かってくる危険性もあるので注意が必要です。またイノシシの場合は疲れて切って寝ている場合もあります。近づいたところをヤブの中から強襲される危険性もあるため、リードワイヤーが変な方向に延びていないことを必ず確認してください。

　クマが出没する場所では、周囲の音にも警戒しましょう。もし小グマが
かかっていた場合、高い確率で親グマが周囲にいます。わなをしかけた方
向以外からガサガサと音が鳴ったり、唸り声が聞こえる場合は即時撤退し
て、銃を持っている猟友に協力を仰ぎましょう。

双眼鏡を使って観察する

　念願の獲物を目にしたとき、興奮と喜びで近寄って観察したくなる気持
ちはよくわかりますが、まずは冷静になってその場を離れましょう。いっ
たん距離を置いて獲物が落ち着いたのを確かめたら、双眼鏡を使ってスネ
アの状態を確認します。

　くくりわなを斜面にしかけている場合は、坂の上に移動して観察をしま
しょう。これは獲物が突進をしてきたときの勢いを殺すためで、もし坂の
下に向けて突進をしてくると加速がついてワイヤーや足が切れてしまう危
険性があります。

リスクマネジメントを行う

　くくりわなにかかった獲物を観察するときは、その状態に応じてリスク
マネジメントを行いましょう。例えば、スネアがかかっている場所が蹄の

先だった場合、突進してきたショックですっぽ抜ける危険性が高まります。また、スネアが後足にかかっている場合、前足にかかっていた場合よりも突進に加速が付くため、リスクが高いと判断できます。

　さらにリスクマネジメントでは、周囲の地質も確認してください。例えば地面が雨で濡れている場合、止め刺し中に足を滑らせて転倒する危険性があります。特に斜面に獲物がかかっていた場合、足を滑らせて獲物の目の前に転がり落ちてしまったり、崖から滑落する危険性もあります。止め刺しではこういったトラブルによる死傷事故も実際に起こっているため、獲物が小ジカであっても注意が必要です。

　獲物が動き回っている範囲がリードワイヤーよりも狭い、または広い場合は、その原因を探ってください。獲物がリードワイヤーよりも狭い範囲を動き回っている、またはジッとしている場合は、ワイヤーが周囲の木やツタに絡みついている可能性があります。このようなケースでは止め刺し中に絡んでいる枝やツタが折れて、急に獲物が動ける範囲が広がる危険性があります。

　また、動いている範囲がリードワイヤーよりも広い場合は、根付をした木が抜けそうになっているなどのトラブルが考えられます。わなにかかったイノシシは興奮して周囲の土を掘り返し、俗に「土俵」と呼ばれる円形状の堀跡を作ります。この土俵がリードワイヤーよりも広かったり、いびつな形をしている場合は、根付に何かしらの異常があると判断してください。

　リスクマネジメントは右表を参考にしてください。複数のリスクがある場合は一人で止め刺しをせずに応援を頼みましょう。

	リスクが高い状態
共通	周囲からガサガサ音や唸り声が聞こえる
くくりわな	スネアが蹄の先や蹴爪より下をくくっている
	スネアが後足をくくっている
	リードワイヤーの長さよりも、獲物が動いている範囲、またはたたずんでいる位置が、狭い、もしくは広い
	獲物が居る場所が、坂の上、または途中である
	獲物の周囲の土がぬかるんでいる
	スネアがかかった足が、切れたり折れたりしている
	獲物はイノシシ、またはオスジカである
	スネア、またはリードワイヤーにキンクができている
箱わな	扉や檻を接合しているボルトが緩んでいる（突進したときに檻の歪みが大きい）
	扉のロック機構が作動していない
	扉が歪んでいる

3 実猟編

オスジカは油断できない相手

わなの止め刺しでは、イノシシの危険性についてはよく語られますが、オスジカもイノシシと同等に危険な獲物です。オスジカはイノシシのように、こちらへ積極的に突進してくることはありませんが、一

定の距離に近づくと角を振りかざしてこちらを威嚇するように角を振り上げてきます。オスジカの鋭く尖った角は服を貫通し、目に入ると失明する危険性があります。角で跳ねられて崖から転落するような事故も起こっているので、絶対に油断してはいけません。

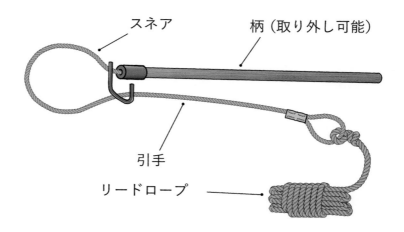

スネア　　　　柄（取り外し可能）

引手

リードロープ

　わなにかかった獲物を安全かつ確実にとどめを刺すためには、まず始めにアニマルスネアを用いて動きを完全に固定しなければなりません。

アニマルスネアを自作する

　アニマルスネアは棒の先端にワイヤロープで作られたスネアがついた道具です。1万円ぐらいで販売されていますが、くくりわなの資材を流用することで安く自作することもできます。

　大型のイノシシ・シカ用を相手するときは、獲物に引き負けてしまうこともあります。そこで引手部分のロープを"トラッカーズヒッチ"と呼ばれるロープワークで結び、力を増幅させて引っ張りましょう。

　使用するロープは、ホームセンターに売っている直径9mm程度のトラックロープがよいでしょう。ロープは止め刺し以外にも、獲物を山から引き出したり、解体時に吊るすときに使うので、何本か持っておくことをおすすめします。

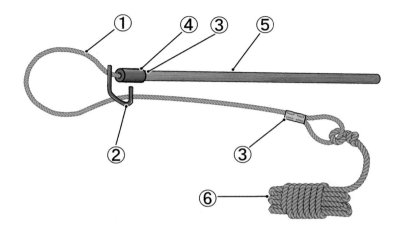

資材	備考	必要数	費用
①ワイヤロープ	亜鉛メッキ鋼製φ4mm、6×24	2m	￥400
②くくり金具	わな専門店で購入	1つ	￥250
③スリーブ	φ4mmWタイプ	2つ	￥40
④エンドキャップ	13mm	1つ	￥74
⑤棒（塩ビ管）	φ13mmの棒か、塩ビ管	2m	￥200
⑥ロープ	φ9mm　トラックロープ	30m	￥2,000
		材料費の目安	￥2,964

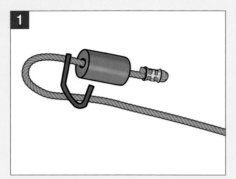

1

エンドキャップの中心に、
φ4mmの穴をドリルであ
ける。
ワイヤロープの先端に、く
くり金具、エンドキャップ、
スリーブWを通して、スリ
ーブをかしめる。

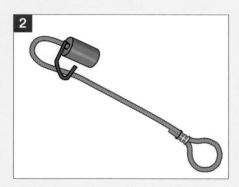

2

ワイヤロープの反対側に、
大きめのアイを作る。

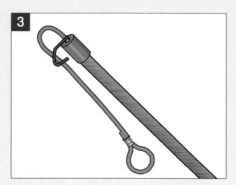

3

エンドキャップに棒を差し
込む。

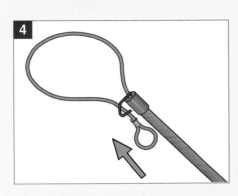

ワイヤーロープを押し出して、スネアの大きさを調整する。くくり金具が動いてワイヤーが締めにくい場合は、エンドキャップに針金で結束しておくと良い。

獲物が大型の場合、トラッカーズヒッチを利用する

トラッカーズヒッチの原理は動滑車と定滑車という2つの滑車を使って表現されます。このシステムでは、①定滑車が動滑車を引く力、②定滑車で方向を変えたロープが引く力、③動滑車自体が引っ張

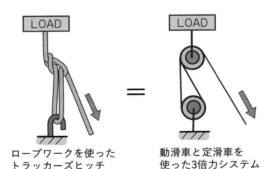

ロープワークを使った
トラッカーズヒッチ

動滑車と定滑車を
使った3倍力システム

られる力が重量物に加わるため、ロープを引く力が3倍に増幅されます。ただしこのシステムでは重量物を引く長さが3倍になるので、動滑車と定滑車の距離は十分に取っておく必要があります。

トラッカーズヒッチは獲物を引き出すときや、解体時に屠体を吊り下げるためなど、様々な場面で利用されます。また、荷物を積んで運ぶときなど、普段の生活にも使える便利なロープワークなので、ぜひマスターしておきましょう。

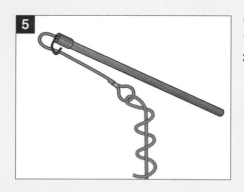

5

ワイヤロープのアイにロープの先端を通して、元線に3回程度巻き付ける。

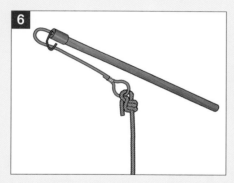

6

ワイヤロープにひっかけた輪のなかに通して引き絞る（クリンチノット）。
強度を上げたい場合は、ユニノットなどの結び方に変える。

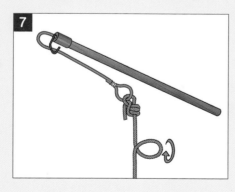

7

結び目の手前40cmあたりを右向きにねじり、輪を作る。

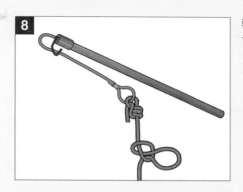

輪の中から元線を引き出して結び目を作る（スリップノット）。

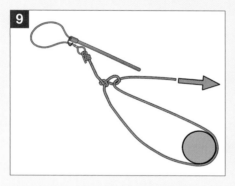

ロープの端をひっぱっていき、丈夫な木などに回しかける。先端をスリップノットの輪の中に通して引っ張る。

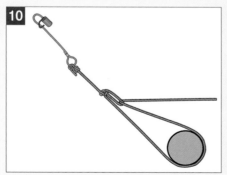

獲物にスネアをひっかけた状態で、ワイヤロープを引く。
さらにロープの先端を引っ張って固定する。

くくりわなでアニマルスネアをかける

アニマルスネアを鼻か首に
かけて、トラッカーズヒッチ
を使って引っ張る。

　準備ができたら利き手側にアニマルスネアの柄、反対の手に盾とロープを持って構えます。トラッカーズヒッチを利用する場合は、ロープにつまずいて転ばないように気を付けながら移動しましょう。盾は獲物が突進してきたときに勢いをそらせるための物なので、コンパネ板やソリのようなものなど、どのようなものでも構いません。盾を構えるときは獲物から見て真正面ではなく、万が一突進された場合の衝撃を受け流すように、少し斜めに配置してください。イノシシを相手にする場合は牙で太ももを切られる危険性が高いため、盾を地面にしっかりと付けて、すり足をしながら近づいていきます。

　アニマルスネアは、スネアの輪をなるべく大きく広げた状態で近づき、頭がすっぽりと入ったら素早く根元を引いて縛ります。スネアは首にかかるのがベストですが、獲物も必死に抵抗してくるのでそう簡単にはいきません。失敗した場合は一旦後退して、スネアを広げましょう。
　オスジカを相手にする場合は、こちらに向けて角を突き出して威嚇してくるので、スネアを大きく広げて首までスッポリと入るように引っかけましょう。角をひっかけると締め上げたときに抜けやすいので避けたほうが良いでしょう。

　何度か首にスネアをかけるのに挑戦してみて難しいと感じたら、"上あご（鼻）くくり"に切り替えましょう。獲物の多くは抵抗するときにスネアに噛みついてくるので、噛みつかれる寸前に柄を突き出して、

上あごにしっかりとスネアがかかるようにします。かかりが浅いと抜けられる危険性があるので、上あごの犬歯にしっかりとかかるようにしましょう。

鼻くくり
イノシシなど、スネアに
噛みついてくる動物の場合

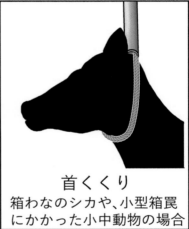

首くくり
箱わなのシカや、小型箱罠
にかかった小中動物の場合

　トラッカーズヒッチを利用している場合は、手元のロープを素早く引いてテンションをかけていきます。くくられた足とアニマルスネアの双方に引かれて、獲物の動きが完全に止まれば（もしくは地面に倒れたら）、ロープを巻き付けて結び、緩まないように固定しましょう。

カギ縄・鳶口を使う

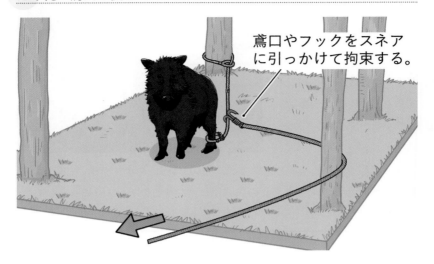

鳶口やフックをスネア
に引っかけて拘束する。

　くくりわなではアニマルスネアの代わりに、大型の場合はカギ縄を、小型の場合は鳶口を使って、リードワイヤを引っ張って固定する方法もあります。

　カギ縄（グラップリングフック）は先端がUの字に曲がった金属製の道具で、本来はロッククライミングなどでロープをひっかけて手繰り寄せるための道具です。カギ縄をリードワイヤにひっかけて、トラッカーズヒッチで引っ張れば、大型の獲物でも簡単に拘束することができます。また、ロープ側を木の枝などに通し

て、獲物を宙づりにする方法も有効です。スネアが付いた足を引っ張り上げれば四つ足の獲物は転倒するので、安全に近づくことができます。

　獲物が小型の場合は鳶口<ruby>鳶口<rt>とびくち</rt></ruby>を使ってワイヤロープを引っかけて拘束します。鳶口は先端に「へ」の字の金具がついた長い棒で、もとは木材の移動や運搬、木造建築物の解体、伐採した木の引き倒しなどに利用される道具です。グラップルフックよりも扱いやすいですが、より近寄らないといけないため、盾を装備して獲物から反撃を受けないように気を付けましょう。

箱わなの場合

　箱わなの場合は、アニマルスネアを檻の上から入れて、首を吊り下げるようにしてくくります。トラッカーズヒッチを利用している場合は、木の枝などの高い所にロープを通し、箱わなの天井をアンカーにしてセッティングします。

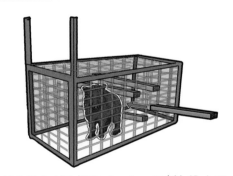

木材や竹などを檻のメッシュに刺し込んで獲物の動けるスペースを小さくしていく

　また大型箱わなの場合は、檻の間に木や竹の棒を差し込んでいき、動けるスペースを次第に小さくしていく方法もあります。この場合、完全に獲物の動きを止めることはできないので、アニマルスネアの補助と考えましょう。なお、大型のイノシシの場合は、差し込まれていく丸木に噛みついて振り回すことがあります。このとき、振り回された反動で頭や胸を打つ事故も起こっているので注意しましょう。

気絶させる

　獲物を拘束したら、次に動きを完全に止めるために気絶させましょう。ベテランハンターさんの中には、拘束からすぐに止め刺しをする人もいますが、初心者のうちは安全性を考慮して、必ず（拘束）→（気絶）→（止め刺し）の手順で行いましょう。

こん棒

　拘束した獲物を気絶させるのによく使われる道具が、こん棒です。普通の木の棒（丸太）でも良さそうに思えますが、先端に重心がないと十分なパワーが出ず、また振りかぶったときにコントロールがつけにくいため、狙いが外れて獲物に無用な苦痛を与えてしまう可能性があります。こん棒は野球のバットでも代用できます。わなハンターの中には鳶口の背を利用する人もいます。

力に自信がない人は、こん棒の先端を鎖やロープでつないだフレイルと呼ばれる道具を使うのがおすすめです。フレイルは先端を回転させることによって打撃力を増加させることができ、狙いもつけやすくなるので、こん棒よりも扱いやすくなっています。また、こん棒の場合は空振りをして地面を叩いたショックで腕を痛めたり、獲物に先端をくわえられて振り回されたりすることがありま

すが、フレイルは先端が分離しているので安全です。

　フレイルは市販されているものではないので自作するしかありません。木の柄に金輪を付けてチェーンで連結すれば簡単に作れます。

後頭部を殴打する

　こん棒を使って気絶させるときは、両耳の間か後頭部を的確に殴打しなければいけません。動物の頭部は二足歩行の人間とは異なり、鼻骨が大きく張り出しているので、正面から剣道の「メン！」のように

叩いても脳への衝撃が少なく、また首がショックを吸収して気絶させることはできません。そこでこん棒を使うときは、耳の間の頭頂骨を打ち下すか、首の付け根を横から殴打しましょう。

　殴打を何度も繰り返すと獲物に与える苦痛は大きくなり悲惨です。よって急所を確実に狙えるように、必ず獲物の動きは拘束しておきましょう。

電気ショッカー

　電気ショッカーは獲物の体に強力な電流を流して一瞬のうちに気絶させることができる道具です。牛や豚を屠殺するときにも利用されているため、獲物に対する負担が少ない方法だと考えられています。

　構造としては単純で、バイクに搭載する12Vのバッテリーが電源となり、インバータと呼ばれる装置で100Vまで電圧を上げます。この状態で獲物の心臓付近をめがけて電極を突き刺すと、電気で心臓が麻痺して瞬時に気絶させることができます。対極（アース）は、箱わなの場合はボックスに、くくりわなの場合はワイヤーに設置しますが、対極も尖った電極にして挟み込むように電気を流す仕組みにもできます。

　電気ショッカーは専門店において4万円程度で購入できますが、ホームセンターで売っているような資材を使えば、1万円ほどで自作することもできます。ただし自作には、はんだ付けをしたり、電極（長いステンレスボルト）をグラインダーで削ったりと難しい作業が続くので、詳しい人に尋ねながら組み立てましょう。また、右表にあげる資材は電気ショッカーを自作する場合の一例です。実際はしっかりと絶縁処理を行い、感電の危険性を極力少なくするように工夫しましょう。

	材料	備考	数	費用
柄	塩ビ管	φ16、延長したい場合はジョイントでつなぐ	1m	￥200
	エンドキャップ	φ16塩ビキャップ	1つ	￥60
	アルミ板・針金	200×200程度、3mm厚 電極付近の補強に使う。	1枚	￥150
電源システム	バイク用 バッテリー	電圧：DC12V 容量：6.0A（10時間）	1つ	￥6,400
	車載用 インバータ	入力電圧：DC12V 出力電圧：AC100V 定格出力：300W	1つ	￥3,000
	バッテリー ターミナル	バッテリーの接続端子 2個1セット	1つ	￥540
	ターミナルカバー	ターミナルに合う物 赤・黒2色	2つ	￥360
	AC電源コード	電子部品専門店などで購入	1つ	￥30
	シールドクリップ	定格100V/3A カバー（赤・黒）の2色	4つ	￥350
電極	刺突電極	六角ボルト（全ネジ） M6 160mmステンレス	1つ	￥600
	ボルトワッシャ	M6 ステンレス	2つ	￥10
	ばね座金	M6 ステンレス	1つ	￥40
その他	ビニルテープ	絶縁用のテープ	1巻	￥100
	腰袋・ベルトなど	バッテリーなどを収納できるサイズの物	1つ	￥1,500
			材料費の目安	￥13,340

※その他、はんだ、ベルトグラインダー、M6スパナなどの工具が必要

3

実猟編

電気ショッカーを使うときの服装

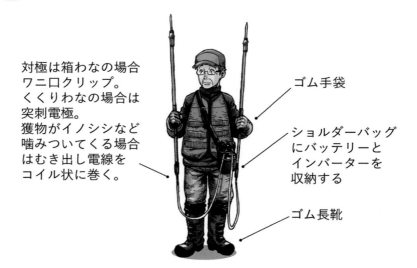

対極は箱わなの場合
ワニ口クリップ。
くくりわなの場合は
突刺電極。
獲物がイノシシなど
噛みついてくる場合
はむき出し電線を
コイル状に巻く。

ゴム手袋

ショルダーバッグ
にバッテリーと
インバーターを
収納する

ゴム長靴

　電気ショッカーを利用する場合は、必ずゴム手袋とゴム長靴を着用しましょう。ゴムは電気を通さない絶縁体なので、あやまって電極が体に触れてしまっても電気が心臓に到達する危険性が少なくなります。ただし雨で自分の体や地面が濡れている場合は感電の危険性が高くなるので絶対に使ってはいけません。

くくりわなで電気ショッカーを使う

　くくりわなで電気ショッカーを使う場合は、2本電極タイプを使用します。1本の電極を首側に刺し、もう一本を胸側に刺して、心臓を挟むようなイメージで電気を通しましょう。電極の先端は十分に尖っていないと、特にオ

スジカの固い皮膚を貫くことができません。よって使用する前に電極の先を研いでおき、サビが付いていないかも確認してください。

保定ができておらず獲物が暴れて電極が上手く刺せない場合は、片方の電極をワイヤー触れさせた状態で、もう一方を心臓に近い位置に刺します。この方法では獲物の動きを抑えることはできますが、心臓麻痺を起こすぐらいの十分な電流を流すことはできません。そこで動きが止まったことが確認出来たら、ワイヤーに触れさせた電極を素早く首などに刺して通電させましょう。

感電した獲物は目が上向きになります。この状態ではまだ意識があるので、電極を抜くと起き上がる危険性があります。

獲物の意識が完全に消失したら、瞳が真っすぐになります。こうなった場合で

も電極を抜くときは息を吹き返す可能性を考慮して、抜いた後に獲物から距離を置き、十秒ほど様子を観察してください。

対極を箱わなに接続して
獲物に電極を差し込む。
電極が檻に触れるとショート
するので注意する。

　箱わなで電気ショッカーを使う場合は、片側の電極がワニ口クリップに
なっているタイプがオススメです。箱わなの檻にワニ口クリップを接続し
たら、インバータの電源をONにして電極を獲物に刺します。

　電極を刺すときは、心臓に近くなるように左胸近くを狙います。電気は
獲物がアースを接続した檻に触れたときに通電するため、電極を刺した位
置と獲物が檻に触れる直線上に心臓があることをイメージしてください。

　うまく通電したら、足を
痙攣させて倒れます。獲物
の動きが止まったことを確
認したら、ワニ口クリップ
を獲物の鼻に挟んで、さら
に電気を通します。こうす
ることで、心臓だけでなく
脳にも電気が通るため、よ

り確実に獲物の意識を消失させることができます。

肉を目的とする場合は通電時間を短めにする

　電気ショッカーは、獲物を拘束しない止め刺しとしては比較的安全性の高い止め刺し方法ですが、先に述べたように『獲物の意識が消失しているかわかりにくい』といったデメリットがあります。よって電気ショッカーを使う人は、安全性を考えて長めに電気を通すことも多いですが、電気を通し過ぎると肉質が悪くなるといった問題が起こります。

　電気ショッカーによってどの程度で獲物の意識が消失するかは、使用する電力や電極を刺す位置、個体差によっても変わってきますが、一般的に300Wの電力の場合は5秒程度で意識が消失し、30秒から1分程度で心臓麻痺により完全に止め刺しをすることができると言われています。

　よって、肉を目的にわな猟をする人は、意識が消失したらすぐに電極を抜き、ナイフによる血抜きで"確実なとどめ"を刺しましょう。逆に、肉を目的としない場合（例えば夏場の有害鳥獣駆除など）は、1分程度と長めに電気を流すようにしましょう。

刃物による止め刺し

　包丁や刀、果物ナイフなど、世の中にや様々なナイフがありますが、狩猟で使うハンティングナイフは獲物にとどめを刺すための特殊な設計がされています。とどめを刺される瞬間の獲物は最後の抵抗を見せて大変危険なので、ハンティングナイフはしっかりとした性能のものを使用しましょう。

ハンティングナイフ

　狩猟で用いるハンティングナイフは"生きた動物を刺す"という目的があるため、一般的なナイフや包丁とは造りに違いがあります。デザインの好みで選ぶと、まったく実用的でない場合も多いので注意しましょう。

　まず、使用する刃の長さは、短すぎると急所に届かず、長すぎると扱いにくくなるため、最低11cm（3寸）、最長23cm（6寸）ぐらいがよいでしょう。切っ先は鋭くとがったクリップポイントと呼ばれる形状で、みねから見ると「ハ」の字に削られている物を選びます。また、刺したときに刃が肉に吸い付かないようにするブラッドグルーブという溝が付いていると、なおよいです。止め刺し用のナイフは『切る』よりも『突く』ことが目的なので、重要なのは切っ先から刃先になります。よって骨にぶつかっても刃先が簡単に欠けず、さらに欠けてしまった場合でも砥ぎなおせるように、しのぎ（鎬）の厚みがある物を選びましょう。

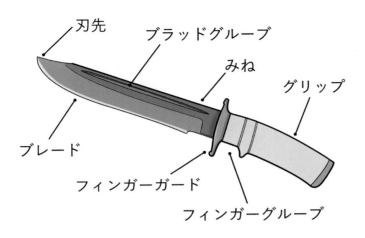

刃先

ブラッドグルーブ

みね

グリップ

ブレード

フィンガーガード

フィンガーグルーブ

　止め刺しでは、ナイフを獲物に突き刺したとき、返り血で手が滑って指を刃で切ってしまう事故がたびたびおこっています。よってナイフのグリップにはフィンガーグルーブと呼ばれる、しっかり握るためのくぼみと、必ずフィンガーガード（鍔）が付いている物を選びましょう。

　止め刺しに使うナイフの中には、日本の伝統的な山用ナイフ（山刀）である剣鉈がよく使われます。剣鉈は、ヤブや小木をなぎ倒すナタの機能が付いているナイフなので、荷物をできるだけコンパクトにしたい方にはおすすめです。

剣鉈

また、東北で活動をしている伝統的な狩猟者であるマタギが愛用していたナガサ（叉鬼山刀）と呼ばれるナイフも、多くのハンターに愛用されています。

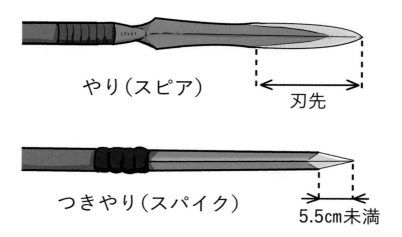

やり（スピア）

刃先

つきやり（スパイク）

5.5cm未満

　箱わなにおける止め刺しでは、箱の外からナイフが届かないことも多いため、ナイフよりも槍が利用されます。ただし、刃渡りが5.5cm以上ある槍（スピア）は銃砲刀剣類等取締法上、所持に登録が必要な"刀剣類"に分類されます。そこで止め刺しでは、刃渡りを2，3cmに抑えた突槍（スパイク）がよく用いられます。

　突槍は市販の炭素鋼棒の先端をグライダーなどで三角形に削り、それぞれの角を研ぎ石で鋭くして自作します。ただしこのままでは強度が出ないので、刃を800〜850℃に加熱して水や油につけて急速に冷やす焼き入れ作業を行い、刃に硬さがでるように加工します。焼き入れ作業は自宅に炉を作る"つわもの"もいますが、一般的にはカスタムナイフを作ってくる工房に1つ1,000円ほどで依頼します。

　ナイフを棒の先にくくりつけることで、簡易的な槍にすることもできます。止め刺しでは、気絶したと思って近づくと、意識を取り戻した獲物に反撃を受けることがたびたびあるので、棒とビニールバンドを使った即席槍で、できる限り距離をとりながら止め刺しをすることをおすすめします。

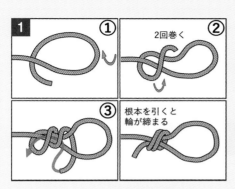

①ロープの先端を右に1回
　ひねる。

②先端を2回巻き付ける。

③巻きつけたときにできた
　ループに先端を通す。

④引き締めて輪を作る（ダ
　ブルフィッシャーマンズ
　ループ）。

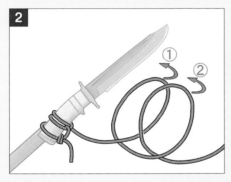

ナイフと棒を重ねてダブル
フィッシャーマンズループ
で縛り、クローブヒッチで
締め上げる。

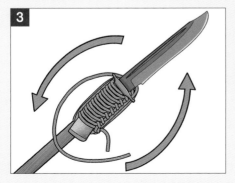

ナイフの柄を巻いたら、ロ
ープを棒とナイフの間に通
して縦に巻いていく。最後
にロープの先端同士を結ん
で固定する。

3

実猟編

刃物を使う場合の注意事項

狩猟などの目的があれば
ナイフを携帯してもOK。
ただし車に置きっぱなし
にはしないこと。

目的のないナイフの携帯は
銃刀法違反。
刃渡り6cm以下の刃物でも
軽犯罪法違反に抵触する。

　わな猟に限らず、狩猟では様々な種類の刃物を利用します。これらの刃物を実用的に使うことは狩猟の楽しみの一つでもありますが、刃物の持ち運び方や保管方法によっては銃刀法違反や軽犯罪法違反になる可能性があるので注意しましょう。刃物は、例えば「刃物を研ぎにお店に出すため」や「引っ越しのため」、また「狩猟のため」といった"正当な理由"がなければ持ち歩くことは禁止されています。これに違反すると『銃刀法違反』として、2年以下の懲役、または20万円以下の罰金という厳しい処罰を受ける可能性があります。

　また、たとえ狩猟中であったとしても、途中でコンビニに寄ったときに腰にナイフがぶら下がったままだったり、車の中に置いたまま別の用事に出かけたりすると、『正当な理由のない携帯』として罰則を受ける可能性があります。ゆえに狩猟用のナイフは、狩猟中以外は道具ケースにしまい、それ以外のときは自宅で保管するようにしましょう。

　ちなみに、刃物の中でも右図に示すような物については法律上"刀剣類"と呼ばれ、所持には公安委員会への届け出が必要になります。また『刃渡り6cm以下、ハサミであれば8cm以下』の刃物は、携帯していても銃刀法違反にはなりませんが、軽犯罪法違反として科料の罪に問われる可能性があるので注意しましょう。

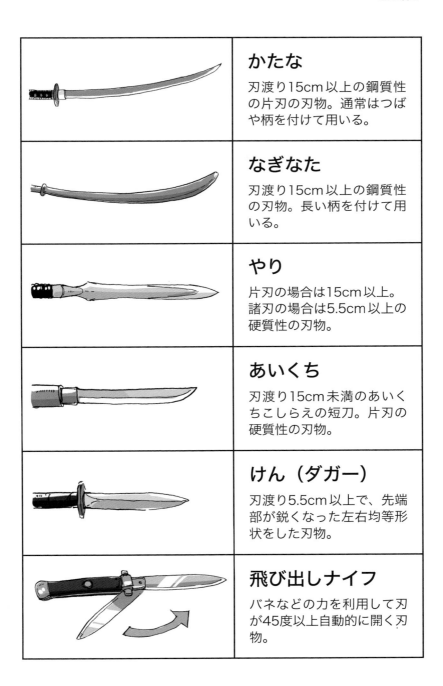

かたな

刃渡り15cm以上の鋼質性の片刃の刃物。通常はつばや柄を付けて用いる。

なぎなた

刃渡り15cm以上の鋼質性の刃物。長い柄を付けて用いる。

やり

片刃の場合は15cm以上。諸刃の場合は5.5cm以上の硬質性の刃物。

あいくち

刃渡り15cm未満のあいくちこしらえの短刀。片刃の硬質性の刃物。

けん（ダガー）

刃渡り5.5cm以上で、先端部が鋭くなった左右均等形状をした刃物。

飛び出しナイフ

バネなどの力を利用して刃が45度以上自動的に開く刃物。

3

実猟編

ナイフは心臓に向けて突き刺す

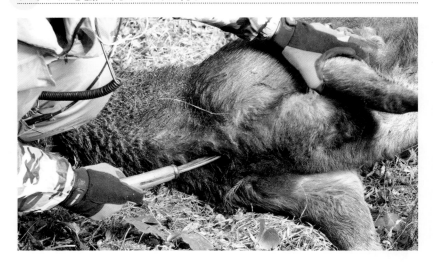

　ナイフによる止め刺しでは速やかに失血死させるために、首と胸骨の間か、左前脚の付け根付近に刺して、心臓か、心臓につながる大動脈・静脈を切断します。どちらを突くかは、獲物が倒れている方向や、立っているポジションによって決まりますが、首と胸骨の間から刺した方が静脈に近くなるので致命傷を与えやすくなります。

　ナイフを刺したら刃の先端を滑らせるようにして抜きます。正確に急所を切断できていた場合、刃にはべったりと血が付いており、イノシシの場合は血が噴き出してきます。そ

首の真下。
鎖骨の間を刺し、
心臓付近の大静脈
を切断する。

左前足の裏。
肋骨の隙間から
ナイフを刺し、
心臓側面を切る。

のまま数十秒ほどたつと息遣いが荒くなって、次第に足に力が入らなくなり、呼吸が弱まって絶命します。

窒息による止め刺し

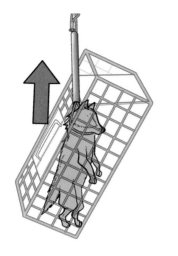

小型箱罠に獲物を入れ
たままアニマルスネア
を首にかける。
反動を付けて首を絞め
上げ、瞬時に気絶させる。

アニマルスネアが獲物の首にしっかりとかかっている場合は絞殺も有効です。この場合、スネアはゆっくりと力をかけて窒息死させるのではなく、一気に体重をかけて頭部に急激なショックを与え、気絶させたうえで窒息させます。この方法はもっとも痛みや苦痛が少ないとどめの方法だと言われていますが、吊り下げたときに地面に足がついていたり、締め付ける場所が首からずれていたりすると、気絶せずに大きな苦痛を与えてしまいます。もし上手く気絶させきれなかった場合は、速やかにナイフによる止め刺しに切り替えましょう。

また、アニマルスネアが入らないような小型箱わなの場合は、箱わなごと水に沈めて溺死させます。溺死させる方法では水が肺に入るので苦痛を与えますが、数十秒ほどで失神して絶命します。中途半

端な時間で引き上げてしまうと息を吹き返して余計に苦痛を与えてしまうため、最低でも5分以上は水に漬けるようにしましょう。

銃器（猟銃・空気銃）による止め刺し

装薬銃
散弾銃、ライフル銃など火薬
を利用して弾を発射する銃器。

空気銃
エアライフル銃など空気圧
を利用して弾を発射する銃器。

　止め刺しでは、ナイフを使って急所を刺すのが主な方法ですが、わなの
かかりが甘く外れそうな場合や、獲物が大型で近寄ると危険な場合は、銃
猟の狩猟登録をしている人に銃器による止め刺しを依頼しましょう。

銃器を使用する場合の条件

　日本では猟銃・空気銃といった銃器は、狩猟・標的射撃（クレー射撃な
ど）・有害鳥獣駆除のいずれかの目的でしか発砲できないとされているの
で、わなにかかった獲物（所有権のある動物）に対して行う"屠殺"の用途
では、銃器を使用できません。しかし近年、止め刺し中に獲物から反撃を
受けて死傷する事故が多発しているため、一定の条件下で銃器による止め
刺しが容認されるようになりました。

　銃器による止め刺しの実施者は、その都道府県において銃猟者登録を受
けておかなければならず、また原則として大型でどう猛な動物に対しての
み容認されています。ただし、どのぐらいが"大型"で"どう猛"なのかは判
断がわかれるところがあるため、銃器による止め刺しを希望する場合は、
事前に役場か都道府県猟友会に問い合わせましょう。

銃器による止め刺しの条件
止め刺しを実施する人は、その都道府県で銃猟者登録を受けていること。
止め刺しをする場所が銃猟禁止エリアでないこと。
獲物の動きを確実に固定できない、くくりわななどにかかっている場合。
わなにかかっているのがイノシシやシカ（有害鳥獣駆除ではクマ類も）といったどう猛かつ大型の動物であること。
わなをしかけた狩猟者の同意があるうえで行われること。
銃器の使用にあたって、跳弾や誤射などの危険性がないことが確保されていること。

流れ弾や跳弾に十分注意する

　くくりわなにかかった獲物に、散弾銃やライフル銃などの装薬銃（火薬を利用した銃）を使用する場合は、狙いが外れたときに"流れ弾"にならないように、後方に土手などのバックストップがあることを必ず確認しましょう。獲物が大きく動くと狙いが定めにくいため、できる限りワイヤーをカギ縄などで固定します。

　箱わなにかかった獲物の場合は、銃身を箱わなの上の方から下に向ける形でしっかりと入れて、獲物が噛みついてくるタイミングで発射します。箱わなの檻に弾が当たると跳弾して思いもよらない方向に飛んでいくため、スラッグ弾（一発弾）を使い、周囲に人がいる場合は木の陰などに隠れるように指示しましょう。

エアライフルで止め刺しをする場合は、立射の状態で銃を木などに委託し、獲物の眉間に対して直角になるように狙おう。ペレットは威力の強い6.35mm以上がおすすめだ！

3

実猟編

引き出す

　確実に止め刺しができていることを確認したら獲物をわなから解放し、わなの跡や血の跡を綺麗に消して解体場所まで運びましょう。なお獲物を持ち帰らない場合でも、責任をもって適切に処理しなければなりません。

わなを回収する

　獲物がかかったくくりわなはワイヤーや金具が伸びきっているので、再利用はできません。よって、いちどすべて回収して自宅で修理しましょう。大型の獲物がかかった場合は、ワイヤーが絡まってグチャグチャになっていることも多いので、携帯タイプのワイヤカッターを使って切断します。

穴の埋め戻しと掃除

踏み板式トリガーを持ち帰る場合は、凍って硬くなっていることも多いので、剣先スコップで掘り返しましょう。地面に空けた穴は登山者やハンターがつまずいてケガをしないために、確実に埋め戻してください。踏み板式のトリガーをしばらく埋めておく場合も、しっかりとフタをして通行の邪魔にならないようにしましょう。

大型箱わなの場合は、地面に止め刺しの血が付いたままだと臭いが残ってしまいます。よって、餌と血が混じっている土を平らなスコップで掻き出し、別の場所の土と入れ替えましょう。

埋設処理

捕獲した獲物は引き出して解体場所に持っていくのが基本ですが、獲物に下表のような異変があった場合は、何かしらの病気にかかっている可能性があります。なかには口蹄疫のように持ち運ぶと家畜に伝染する危険性もあるので、病気が懸念される個体は持ち帰らずにその場で処理しましょう。

持ち帰らない獲物はその場に放置してはいけません。基本的には深く穴を掘って埋設処理をしますが、自治体によって専用の焼却炉や、微生物によって分解する減量化施設などがあるため、適切な処理方法は、役場の狩猟担当窓口か都道府県猟友会に問い合わせてください。

観察ポイント	症状	考えられる病気
異常な挙動	足取りがおぼつかない、口からよだれを垂らしている、下痢をしているなど	狂犬病、プリオン病など
腫瘍や病変	体に異常なコブや腫瘍、ただれなどがある	口蹄疫、野兎病、肝炎など
体形の異常や脱毛	極度に毛が抜けており、いちじるしく痩せている。	疥癬病、マダニが媒介する病気など

引き出すときはソリを使う

　イノシシやシカを1人で引き出す場合は、盾替わりに使っていたソリに乗せて運びます。屠体は、頭を前向きにして、両前足と首をロープで結びます。このロープと、ソリのロープを両方握った状態で、引っ張っていきましょう。なお、屠体とソリをロープで結ぶと、坂道でソリが滑って、屠体ごと落ちて行ってしまうので、独立して動くようにしておきましょう。

　ソロのわなハンターは、重たい屠体を一人で引き出す機会が多いので、ポータブル電動ウィンチを用意しておくのがおすすめです。電動ウィンチの多くはDC12Vの電源から取るタイプなので、バイク用のバッテリーを用意しておきましょう。ウィンチが無い場合は、トラッカーズヒッチを使って引き上げていきましょう。

複数人で引き出す場合

　複数人で運ぶ場合は、1本のロープを屠体の腕や頭にクローブヒッチで縛り、ロープの途中にアルパインバタフライノットで取っ手を作って、複数人で引けるようにしましょう。

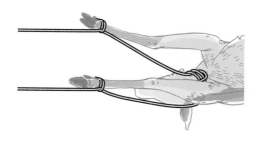

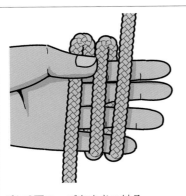

手に2回ロープをまきつける

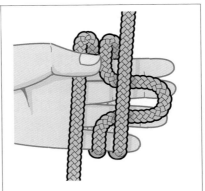

真ん中をロープの下を通す

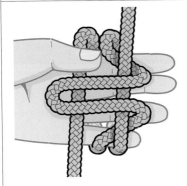

初めに巻き付けたところまで折り返す

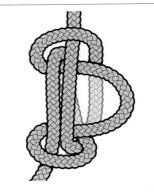

手を抜いて下を通し、折り返した部分を引っ張る

よく引き絞って結び目を作る

3

実猟編

引っ張り道具

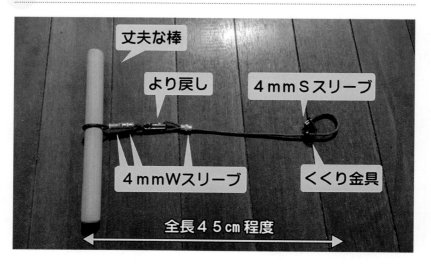

単独でわな猟をする人は『引っ張り道具』を作っておくことをオススメします。この道具は一人でも、滑車などを使わずに100kg近くの獲物を引っ張って運ぶことができる優れものです。くくりわなをする人であれば材料と工具は揃っているので、簡単に作ることができます。

材料	数
丈夫な棒（100円ショップで売られている麺伸ばし棒でOK）	30cm程度の物を1本
スリーブW　4mm用	3個
スリーブS　4mm用	1個
くくり金具	1個
より戻し	1個
4mmワイヤー	長さ約45cmと約25cm程度を各1本

引っ張り道具の使い方

引っ張り道具は獲物の首や鼻に先端のスネアを取り付けて、体を後ろ向きにして引っ張ります。「ワイヤーが短すぎるのでは？」と思われがちです

が、ワイヤーが短いことで獲物の頭が浮き上がり、引っ張るときの地面との摩擦が小さくなります。また『屈伸運動』の要領で獲物を引っ張ることで、例え力の弱い女性であっても100kg近

い大物を徐々に動かしていくことができます。

荷台への乗せ方

獲物を車に乗せるときは、軽トラであれば引っ張り道具とラダーレール（梯子）があれば一人で積み込むことができます。ラダーにはポリカーボネートの波板を敷いておくと滑りが良くなります。

獲物を荷台に乗せるときは、コンクリートを練るときに使うトロ舟という容器を使うと、血やダニで荷台が汚れません。トロ舟に獲物を乗せるときは、まず獲物の背にトロ舟を立てかけて獲物の両足を握ります。

このまま獲物をひっくり返すと、トロ舟の上に寝かせることができます。

普通車で獲物を運ぶ場合は、そのまま載せると車内に嫌な臭いが充満し、ダニが這い出てくる可能性もあるため、ドラム缶用の内袋や納体袋（遺体を入れる防水性の袋）に獲物を入れておくと良いです。

3
実猟編

ターゲットを知ろう

わな猟では、わなの作り方やしかけ方も重要ですが、ターゲットとなる野生動物のことも十分に理解しておかなければなりません。「彼を知り己を知れば百戦あやうからず」です。

わな猟のターゲットを知ろう

　わな猟では、ツキノワグマ、ヒグマを除いた獣類18種がターゲットになります。それぞれの生態、習性、食性、足跡、糞などを知っておくことで、捕獲の戦略が立てやすくなります。

解説の内容

　解説の中では、その動物と足跡のイラストを掲載しています。ただし野生動物の大きさや毛の色などは個体差や地域差があるのでご注意ください。

①基本情報

その動物の日本国内に生息している近縁種と、大まかな生息地域の情報がまとめてあります。狩猟鳥獣は『種（species）』で大まかに指定されています。例えば、狩猟獣の「ニホンジカ」は、「シカ属　ニ  ホンジカ種」を示し、その中には国内に生息するエゾシカ、ホンシュウジカ、キュウシュウジカ、マゲシカ、ヤクシカ、ケラマジカ、ツシマジカの7亜種が含まれており、特別な規制がない限りすべての亜種が狩猟対象になります。

②わな猟のポイント

習性や食の趣向など、わな猟で捕獲するためのアドバイスを述べています。

③注意事項

止め刺しにおける注意点や、捕獲をするうえで知っておいていただきたいコラム的な内容が書かれています。

④肉の食味

狩猟獣の食味のレビューです。肉質はオス・メス、年齢、食性、病気の有無、また捕獲した際の手当てのレベルによって違いがあります。食味の感想はあくまでも著者個人の感想によるものなので、ご参考程度にお読みください。

3

実猟編

イノシシ

　わな猟の代表的なターゲットといえば『イノシシ』です。好敵手ともいえるこの動物ですが、身体能力が高く、頭までいいので、捕獲は一筋縄ではいきません。

基本情報

　日本国内におけるイノシシは、本州のニホンイノシシと、沖縄に小型のリュウキュウイノシシの2亜種が生息しており、さらに家畜の"ブタ"と交配したイノブタが生息しています。本州のイノシシはこれまで宮城県が北限とされていましたが、2016年ごろから青森県でも発見されており、近年生息域が拡大しています。

わな猟のポイント

　イノシシは草食に偏った雑食性ですが、意外と"グルメ"な一面があるため季節によって食べるものがある程度決まっています。例えばイノシシは

タケノコをよく食べますが、好むのは2月末から3月ごろの、まだ地面に埋まった柔らかい新芽で、硬くなった物はあまり好みません。また稲も6月ごろの乳熟が始まる柔らかい物を好みます。よってクリやドングリ、ゆり根や自然薯などが成る場所を知っておき、先回りしてわなをかけるのが有効的な戦略になります。

注意事項

　オスのイノシシは上下のあごに鋭い牙を持っており、かみ合わせるたびに鋭く砥がれてナイフのようになっています。さらに突進してきたさい、しゃくりあげるように頭を振るので、人間であれば太ももが

バッサリと切られて重傷を負わされます。また牙の小さいメスであっても、噛みついて頭を左右に振るため、肉が噛みちぎられて治りの悪い深い傷を受けてしまいます。よって、どんなに小さな個体でも止め刺しでは防御を万全にしてのぞみましょう。

肉の食味

　イノシシの肉は"ぼたん"とも呼ばれており、ブタ肉よりも濃い赤身と密度の高い脂が特徴です。一般的には秋口から脂が乗りはじめますが、1，2月ごろの発情中のオスは白檀のような線香臭さが脂に付きます。

ニホンジカ

　わな猟における二大巨頭といえば、イノシシと『ニホンジカ』です。ニホンジカはイノシシよりもわなで捕獲しやすい獲物ですが、その習性を知ることで、より安定して捕獲することができます。

基本情報

　国内には北海道のエゾシカをはじめ、本州のホンシュウジカ、九州四国のキュウシュウジカなど、大きさが違う7種類のシカが生息しています。しかしこれらはすべて『ニホンジカ』1属1種で、すべてはニホンジカの亜種になります。

わな猟のポイント

　ニホンジカの社会は主に、複数のメスと子どもたちからなる母子群で構成されています。この群れは基本的には決まったルートを季節的に巡回しており、近年の調査の結果、このエリアは数十km圏内という、比較的狭い範囲だということがわかってきました。よってわな猟では、一度メスジカ

を捕獲した場所を把握しておけば、毎年同じ場所で、同じ時期にニホンジカをしとめる可能性が高くなります。なお、猟期中のオスジカは群れを作らずにブラブラしていることが多いので、毎年同じ場所に現れる保証はありません。

注意事項

ニホンジカはイノシシよりも安全なように思えますが、わなにかかったオス鹿は角を振り上げて威嚇をしてくるため、角先で顔を突かれたり、振り払われたナイフが腕に刺さる事故が起こっています。

食味

ニホンジカの肉は、少々独特な乳臭さがありますが、世界的に人気の高いオジロジカの肉に匹敵する美味しさがあるといわれています。肉質は赤身が強く脂質が少ないので料理が難しいですが、上

手く火入れができたときの味わいは格別です。なお、餌が豊富な地域では皮下脂肪を蓄えた鹿があらわれますが、シカの脂は融点が高く固まりやすい性質なので、古くは壁の断熱材やロウソクなどに利用されており、消化が悪いので食用には向きません。

タヌキ

　日本人になじみ深い『タヌキ』はわな猟でもよくお目にかかります。他の野生動物に比べて警戒心がゆるく、比較的簡単に捕獲できますが、逆にイノシシなどをターゲットとするときは"捕獲しないための仕組み"が必要になります。

基本情報

　日本には、北海道の一部に生息するエゾタヌキと、本州・四国・九州などに生息するホンドタヌキの2亜種がいます。両者の違いはほとんどありませんが、エゾタヌキの方が全体的にふっくらしており、手足もやや長い姿をしています。

わな猟のポイント

　タヌキは、餌を食べられるチャンスがあれば何でも食べる"好期主義的雑食"と呼ばれる食性なので、わなで使用する米ぬかや砂糖菓子、果物類など、どんな餌にでも反応をしてきます。よってわな猟では「狙ってかかった」というよりも、「タヌキに邪魔された」といった場面の方が多く、タヌキをターゲットにしていない場合は、蹴糸を高くかけたり、踏板を重くしたりして、タヌキを避ける工夫がポイントになります。

注意事項

　タヌキは非常に憶病で、気性も穏やかなので、わなにかかってもおとなしくしていることが多いです。しかし、解放しようと手を近づけると怯えて噛みついてくるので注意しましょう。またタヌキは"疥癬"と呼ばれる皮膚病にかかっていることがよくあります。タヌキの疥癬は人間にはうつりませんが、イヌには感染するので、自宅で犬を飼っている場合は使用した猟具をきちんと消毒しましょう。

食味

　冬場のタヌキは肉質がよく、骨からコクのある出汁がよくとれます。泡のように膨らむ内臓脂肪は、いったん水で煮出して浮いてきた油をすくい、容器に詰めて冷蔵して狸油を取りましょう。高知県の民間療法によると狸油は"万病の妙薬"として知られており、「飲んで腹痛、塗って火傷に効く」と伝えられています（効果は保証しません！）。

キツネ

　タヌキと対をなす日本人にお馴染みの動物といえば『キツネ』です。抜群に優れた聴力と速歩（フォックストロット）を持つため、猟銃を使った捕獲は難しい獲物ですが、わな猟であれば比較的簡単に捕獲することができます。

基本情報

　日本には、北海道の一部に生息するキタキツネと、本州・四国・九州などに生息するホンドキツネの2亜種がいます。両者の違いはほとんどありませんが、キタキツネの足には黒いハイソックスのような柄があり、毛並みも厚くなります。

わな猟のポイント

タヌキとキツネは分類学的に近い関係にありますが、家族単位の群れで過ごすタヌキに対して、キツネは単独で行動します。これはキツネが好むネズミなどの餌は果物のように密集していないためで、仲間同士で奪い合いが起こらないように厳しくテリトリーを決めて生活をしています。しかし小動物が少ない1，2月になると雑食傾向が強くなり、これまで見向きもしなかった箱わなの餌に吸い寄せられるようにやってきます。この時期は肉類も食べますが、どちらかというとビスケットやマシュマロなどの甘いお菓子を好む傾向が強くなります。

注意事項

わなにかかったキツネは、タヌキよりかは数段狂暴なので、解放する場合は十分注意しましょう。また近年、北海道に多かったエキノコックスと呼ばれる寄生虫が本州でも見つかっています。よってキツネを解体するときは、手袋などをしっかりと着用しましょう。ただしエキノコックスは、北海道から渡って来たペットの犬などが媒介しているケースもあるので、決してキツネだけに気をつければいいというわけではありません。

食味

個体と食性にもよりますが、肉食傾向の強いキツネの肉は『ザリガニの死んだ水槽を数日放置』したような悪臭がします。ただ、数日煮詰めて臭いを飛ばすと醤油に似た香ばしさになり、意外と美味しく食べられます。

3 実猟編

アナグマ

　日本においてはマイナーな野生動物ですが、世界的にみると『アナグマ』は狩猟における人気のターゲットです。よく「タヌキとアナグマは見分けがつかない」と言われますが、足の形を見れば一目瞭然です。

基本情報

　アナグマは世界中に広く分布している動物ですが、国内に生息しているのはニホンアナグマという固有種です。毛の色とずんぐりした体形から、タヌキと見間違われることが多いですが、イヌ科のタヌキは指行性なのに対し、アナグマはイタチ科で蹠行性なので、足の形を見れば簡単に見分けられます。

わな猟のポイント

アナグマは名前の由来のとおり巣穴を掘ることを得意としており、足はシャベルのように広がっています。掘った土は手で押し出すように運び出すため、アナグマの巣はブルドーザーが通ったような跡が残ります。また、地面に鼻先を

突っ込んで地中の虫を探すので、アナグマの住む場所は杭を打ち込んだような穴があいています。箱わなの餌には甘菓子が効果的ですが、タヌキやアライグマとのテリトリーが入り乱れている場所では狙ってしとめるのは難しいです。

注意事項

その体形とノソノソした動きから、ノンビリ屋のようなイメージを持たれるアナグマですが、気性はイタチ科共通の荒さがあり、わなにかかっているところに近づくと、強靭な爪と牙で反撃をしてきます。中型動物と思って油断していると大ケガをするので十分注意しましょう。

食味

タヌキやキツネは綿のような内臓脂肪が多くつくのに対して、アナグマは皮下脂肪が厚くつくため、豚肉や牛肉のように脂身がコッテリとした肉質になります。赤身自体はイタチ科特有の獣臭さがありますが、脂身はキメが細かく甘味

があります。11月ごろから冬ごもりのための脂が付き始めるので、猟期とのシーズンも重なり、わな猟ではイノシシ・シカに次ぐ人気のターゲットになります。

アライグマ

　つぶらな瞳と愛嬌のある性格で、数々のメディアに出演している人気者の『アライグマ』ですが、とてもフレンズとは呼べないような厄介事を引き起こす存在として、あらゆる業界で恐れられています。

基本情報

　アライグマは北アメリカ大陸を原産地とする動物で、日本には1960年代にペットとして輸入された個体が野生化して定着をしました。国内には天敵がいないことから徐々に個体数が増加し、2008年には47都道府県でその姿が確認されるようになっています。

わな猟のポイント

　アライグマはタヌキと同じく好期主義的な雑食性なので、植物性・動物性を問わず何でもよく食べます。また手先が器用なので、水の中から物を掴んだり、檻の隙間に手を入れたりできるため、養殖魚や貝などの水産業、

ニワトリなどの畜産業、またペットの鳥などに対しても大きな食害をもたらします。アライグマを選択的に狙いたい場合は、その手の器用さを逆手に取り、餌が入っ

アライグマ　　　タヌキ

た箱に手を入れるとスネアが締まる"エッグトラップ"と呼ばれるわなが効果的です。

注意事項

　アライグマは、自然環境や人間社会に悪影響をもたらすとして『侵略的外来種』に指定されており、さらに捕獲した個体を飼育したり、生きたまま移動させたりすると罰則が発生する『特定外来種』にも指定されています。リリースすることは認められていますが、日本国内にはアライグマの天敵はハンターしか存在しないので、できる限り殺処分することが推奨されています。

食味

　アライグマの肉は、タヌキやキツネなどよりも格段に旨味があり、原産地の北米では伝統料理としてよく食べられています。ただし発情中のオスや、食べる物によっては脂に犬小屋のような獣臭さがあ

るため、脂身はすべて捨てて長時間煮込んで臭みを消すように料理しましょう。

ハクビシン

　顔付きや体付きはネコやイタチのように見える『ハクビシン』ですが、木にぶら下がって逆立ちしたり、細い電線の上をツルツルと歩いたりと、アクロバティックな動きを得意とする少し不思議な動物です。

基本情報

　ハクビシンはジャコウネコ科に分類される動物で、日本にはハクビシン1属1種が生息しています。「白鼻芯」の由来となっている鼻を通る一本の白い線が特徴で、多くの場合、鼻先がよく目立つピンク色をしていることから、他のイタチやテンなどと見分けることができます。

わな猟のポイント

ハクビシンは特に甘い食べ物に目がない動物で、ブドウやミカンなどの果樹園に多く出没します。一度餌場として認識すると、群れをなして何度も現れるようになり、何百キロもの果樹が1週間で食べられてしまうほど深刻な食害をひ

きおこします。ハクビシンの鼻は糖度を正確に測ることができるようなので、果樹になっている実よりも甘い果実（熟れたバナナなど）をわなの餌にすると捕獲の可能性がアップします。また砂糖やハチミツを塗ると誘引効果が高くなります。

注意事項

ハクビシンはわなにかかっても大人しくしていることが多く、あまり狂暴化しません。しかし牙は鋭いので、檻に指を入れたり、なでたりするのは危険です。

ハクビシンは、いつごろか

ら日本にいたのかはっきりとは分かっておらず、特定外来種には指定されていません。しかし近年、被害が増えている動物なので、これ以上被害を広げないためにも、捕獲した場所以外にリリースするのはやめましょう。

食味

ハクビシンは脂分が多く、臭いにクセも少なく旨味があります。しかし偏食が激しい動物なので、獲れた場所によって肉質は大きく変わり、餌の乏しい針葉樹林で獲れた個体は脂が少なくなります。

ヌートリア

　大きなネズミのような風貌をした『ヌートリア』は、海外から連れて来られたものが野生化した外来種です。これまで細々と隠れて生息をしていましたが、人間の"甘やかし"もあって、徐々にその生息域が拡大してきています。

基本情報

　ヌートリアは南アメリカを原産地とするヌートリア科の動物です。もとは戦時中に良質な毛皮を採るために養殖されていた動物ですが、戦後、毛皮需要が急激に減ったことから野に捨てられ、現在、西日本を中心に生息域を拡大させています。「沼狸」とも呼ばれていたヌートリ

アは、流れの緩やかな河川や湖沼などでの生活に適応した体つきをしており、水辺に巣穴を掘るため、堤防や土手を決壊させる被害を出しています。

わな猟のポイント

　生息域が大型河川など人間の生活圏と大きくかぶるため、捕獲はもっぱらわなで行われます。ヌートリアは水辺を泳いで移動するため、まずは足跡や草の倒れ具合から"揚陸地点"を探し、そこに箱わなをしかけます。食性は植物性に寄るので、餌はニンジンやカボチャなどを利用します。

注意事項

　もともとは非常に憶病で、人目を避けて夜に活動をしていたヌートリアですが、ここ最近、その姿が「カピバラみたいでかわいい！」といった人気から、餌付をされることが多くなりました。このような人間の行動が原

因となり、近年ヌートリアは夜行性から昼行性に習性が変わり、また出産回数が増えて生息域が広がり、さらに人を恐れなくなって噛みついてくるような被害も出始めています。野生動物に対する餌付けは更なる被害を増やす原因になるので絶対にやめましょう。

食味

　ヌートリアの肉は、旨味はありますが脂質は多くなく、食感はパサパサしています。また独特の臭みがあるので、香辛料を多めに使って臭いを消して調理しましょう。ターメリック（ウコン）がよく合います。

3
実猟編

テン・イタチ・ミンク

　毛皮獣と呼ばれる『テン』や『イタチ』といった動物は、古くは「殺し合いになるから猟師2人で獲りに行くな」と言ういましめがあるほど、高値が付いていました。かつて世界中をフィーバーさせた日本の毛皮産業は、もはや影も形も残っていませんが、狩猟の世界ではいまだなお人気の高い狩猟獣です。

基本情報

　日本国内には、大きいものからエゾクロテン、ホンドテン、ミンク（特定外来種）、シベリアイタチ（外来種）、ニホンイタチ、オコジョ、イイズナ、これにニホンアナグマを加えた計8種類のイタチ科が生息しています。この中でエゾクロテン、オコジョ、イイズナは非狩猟鳥獣です。

わな猟のポイント

イタチは、小さな頭と足、流線形の体系をしており、500円玉程度の穴があれば体を絞って侵入できるという穴抜けの達人です。そのため、普通のくくりわなや箱わなでは逃げられることが多いので、細い塩ビ管と針金を作った専用の筒式わなが活躍します。テンはどちらかといえば植物性の餌を好むので、柔らかい果物やカリントウのような砂糖菓子によく反応します。

注意事項

イタチは、真夜中に家禽小屋にスルスルと忍び込み、動く獲物は「とりあえず殺す」という獰猛さを持ちます。よってイタチやテンは、わなにかかると牙を剥いて暴れまわるので、なるべくくくりわなにかからないようにトリガーを重めにしておきましょう。

イタチのメスは狩猟鳥獣ではありません。メスはオスよりも一回り体が小さいので、くくりわなで捕獲する場合は締め付け防止金具を広めに調整しましょう。なお、平成29年よりシベリアイタチのメスが狩猟鳥獣に追加されています。

食味

美しい毛皮が目的となる毛皮獣は食用にされることはほとんどありませんが、肉質は締まりがよく意外と旨味もあり、トウモロコシのような穀物っぽい香りがします。歩留まりが悪いので部位ごとに解体はせずに、毛皮を剥い

だものを鉄串に刺して焚火で炙るような調理方法が向いています。

3

実猟編

ノウサギ・ユキウサギ

「ウサギ追いし、かの山」と、『ノウサギ』は日本の山野に住む代名詞ともいえる動物でした。しかしここ40年ほどでノウサギは、「かの山」と謡われた美しい里山と共に、減少の一途をたどっています。

基本情報

日本のウサギ科は、体格が大きい順に、エゾユキウサギ、ニホンノウサギ、アマミノクロウサギ（非狩猟獣）の3種が生息しています。一般的なペットのアナウサギが穴を掘って巣を作るのに対し、ノウサギ属は草むらに巣を作ります。

わな猟のポイント

日本のノウサギが減少した原因の一つに、電気・石油の普及で雑木（柴）が燃料として使われなくなり、また林業の衰退で里山が荒廃したため、ノウサギが好む草原地帯が激減したことが考えられます。そこでウサギを捕獲したい場合は、まずノウサギの好む草原や、間伐や枝打ちにより日光がよく当たる整備された山を探しましょう。餌は葉物野菜やシリアル、アルファルファペレットなどが効果的です。

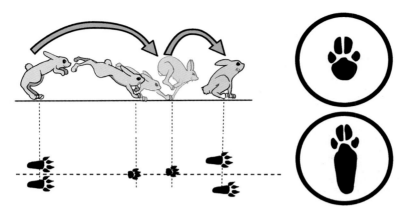

跳躍歩行をする場合は、足跡が交互に付かない。
交互歩行と跳躍歩行を切り替える動物もいるので注意。

3

実猟編

注意事項

　ノウサギは野兎病と呼ばれる恐ろしい病原体を保有している危険性があります。この菌はノウサギの血液や臓器、生肉に潜んでおり、皮膚から浸透するため『触れただけでも感染する』可能性があります。よってノウサギを解体するときは必ず手袋をし、直接触らないようにしましょう。またノウサギの解体から3〜5日の間で、急な発熱や頭痛、悪寒などを感じたら、医師に野兎病の可能性があることを伝えましょう。野兎病は感染者の3割が死亡するという恐ろしい病気ですが、現在は抗生物質があるので、治療すればほとんどの人が回復します。

食味

　薄っすらとピンク色をしており、鶏のモモ肉のような旨味があります。若干の獣臭さはありますが、ジビエに慣れていない人でも食べやすい風味です。ちなみに、フランス料理で使われるウサギ（リエーブル）は『ヤブノウサギ』と呼ばれるノウサギとは別種で、かなり強い野性味を持っています。

　木の上をチョロチョロと歩き回り、森の中で実を集めて回る姿が可愛らしい『タイワンリス』ですが、近ごろの人間に慣れきったふてぶてしい姿を見ていると、その顔も少し小憎らしく感じてしまいます。

基本情報

　日本に生息するリス科の動物は、ムササビ属1種、モモンガ属1種、リス属6種で、体が大きい順に、エゾリス、キタリス、ニホンリス、タイワンリス、エゾシマリス、チョウセンシマリスになります。この中で狩猟獣はタイワンリス（特定外来種）とチョウセンシマリス（外来種）の2種で、北海道では在来種のエゾシマ

リスと混獲を防ぐためチョウセンシマリスの捕獲は禁止されています。なおキタリスは特定外来種に指定されていますが、絶滅が懸念されているニホンリスとの混獲を防ぐため、狩猟獣の指定は見送られています。

わな猟のポイント

タイワンリスを捕獲する場合は、まず餌場を探しましょう。猟期中ではツバキのつぼみを食べにくることが多く、毎年集まる木には"樹皮剥ぎ"によるミミズばれのような跡が残ります。餌にミカンなどの果物や、砂糖菓子を使いましょう。

注意事項

可愛らしいイメージの強いリスですが、人間社会に溶け込んできたタイワンリスは非常に厄介な問題を引き起こします。その一例が歯の手入れをするために建築物や電線、街路樹などを噛むことで、特に神社やお寺では修復が難しい木造部が傷つけられて甚大な被害を出しています。

タイワンリスが人を恐れなくなった原因の一つに、人間の手による餌付けがあると言われており、特に都心部から観光に訪れる人たちが野生動物に対して餌付けを繰り返すことから、繁殖と生息域拡大が進行しているという見方があります。もちろんこれらの動物に罪があるわけではありませんが、これ以上の被害が増えないように、狩猟による捕獲圧を高めていかなければなりません。

食味

タイワンリスの肉は独特の臭みはありますが、肉離れがよく、脂はほとんどない淡泊な味わいをしています。捕獲時は意外と大きいと感じますが、皮をむいてみると肉は小鳥程度の大きさしかありません。精肉すると歩留まりが悪すぎるので、骨のままあぶって食べるか、揚げ物にするとよいでしょう。フードプロセッサーでチタタプにしてもいいですが、意外と骨の欠片が残るので注意です。

ツキノワグマ・ヒグマ（わなでの捕獲禁止）

　世界的に減少しているクマですが、日本は比較的多くの『ツキノワグマ』
と北海道には『ヒグマ』が生息しており、豊富なクマ資源を有しています。
わな猟ではクマの捕獲は禁止されていますが、錯誤捕獲を防止するために
その生態について詳しく知っておきましょう。

基本情報

　日本国内には2種類のクマ属が生息し
ており、本州と四国の一部にニホンツキ
ノワグマ1亜種、北海道にエゾヒグマ1亜
種になります。同じ"クマ"とされがちで
すが生態は大きく異なり、ツキノワグマ
は草食傾向が強く、ヒグマは肉食傾向が
強い雑食性です。体格はヒグマの方が2
倍ほど大きく、気性はツキノワグマの方
が大人しいとされています。

わな猟のポイント

ツキノワグマ、ヒグ
マはともに狩猟獣です
が、わなにかかると狂
暴化するため、わなで
の捕獲は禁止されてい
ます。万が一クマがわ
なにかかってしまった
場合は、個人で対応は

せずに、すみやかに役場へ連絡をして対応を協議してください。

注意事項

これまで、人間側から危害を加えないことや、餌付けによって人に慣れ
させなければ、クマ側から距離を保って共存できるとされていましたが、
近年人間の恐ろしさを知らない『新世代クマ』があらわれており、猟圧を
加えることの必要性も見直されてきています。もしクマとばったり出くわ
してしまった場合は、目を見てゆっくりと後退しましょう。急に走ったり大
声を出したりすると、反射的に攻撃を受ける可能性があるので厳禁です。

食味

クマ肉は固く獣臭さがあり
ますが、脂身はあっさりとし
て甘味があります。また、骨
とスジから煮出したスープは
上品ながらも強い旨味があり
ます。肉と一緒にじっくりと
炊いて鍋にすると絶品です。

カモシカ（非狩猟獣）

　一時期、絶滅を危ぶまれた天然記念物の『カモシカ』ですが、ここ最近、生息数が徐々に回復してきたようで、たびたび見かけるようになりました。非常に喜ばしいことではありますが、わなハンターとしては複雑な気持ちもあります。

基本情報

　日本に生息しているカモシカは、ニホンカモシカという固有種で、本州、四国、九州の険しい山の中に生息しています。後ろ姿だけを見るとニホンジカのように見えますが、シカの角は先が割れた枝角（アントラー）なのに対して、カモシカは2本が短く突き出した洞角（ホーン）になっています。

わな猟のポイント

　わな猟では、狩猟鳥獣のニホンジカと非狩猟鳥獣のカモシカを、どうにかかけ分けたいところですが、今のところこの2種類の動物を完全により分ける方法はありません。現在はカモシカの数もまだ少ないため、滅多にかかりませんが、今後個体数が増えると問題が大きくなりそうです。

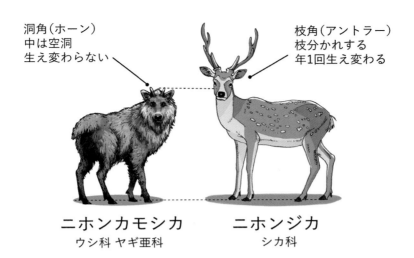

洞角（ホーン）
中は空洞
生え変わらない

枝角（アントラー）
枝分かれする
年1回生え変わる

ニホンカモシカ
ウシ科 ヤギ亜科

ニホンジカ
シカ科

3

実猟編

注意事項

　万が一、カモシカがくくりわなにかかった場合は、リリースをしなければなりません。しかし困ったことに、オスのカモシカはかなり気性が荒く、人間をあまり恐れないため、近づくと角を突き出してニラミを効かせてきます。このような場合は、一人で対処するのは非常に危険なので、役場や猟友会に相談するようにしましょう。よく行われる対処法としては、ビニールシートや麻袋などで目隠しをしてやることで、視界を奪うとしばらくの間は暴れますが、次第に沈静化します。ゆっくりと近づいて拘束したら、ワイヤーロープを切断して解放しましょう。

食味

　1925年に狩猟鳥獣から外されて以降、"幻の肉"とうたわれたカモシカの肉ですが、現在では一部の地域で実施されている許可捕獲で獲られた肉を食べることができます。食べたことがある人の話によると、肉質は鹿とはまったく違い牛肉の赤身のような食感と見た目で、ヤギ肉のような旨味と癖があるとのことです。いつかは食べてみたいものですが、まだしばらくはカモシカに目隠しをする日々が続くことになるでしょう。

Chapter

4

猟果を楽しむ
Products

獲物を解体しよう

OX猟友会
食肉処理場

はい、みなさんに
手伝って頂いて。

このイノシシ
阿佐ヶ谷くんが
わなで獲ったの？

ところでこの施設は
宗朋さんたちの
持ち物なんですか？

ここは猟友会のメンバーで
お金を出し合って建てた
ジビエの処理場だよ。

私、解体のことまで
よく考えてなかったんですが、
こういった施設がないと
狩猟ってできないんですか？

野外解体（フィールドドレッシング）

解体できる拠点がないなら、
狩猟の現場で解体するしかないね。
でも野外解体は難しいから、
できれば拠点になる場所を
探しておこう。

ほれ、コレ着な

なるほど

獲物は木などに吊るして解体する。
持ち帰れる分だけ肉を取って、残りは埋設する。
埋められた残りは森の生物のエサになるので
決して無駄にはならない。

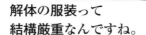

解体の服装って
結構厳重なんですね。

マダニや血液に
触れると感染症の
リスクがあるからね。
しっかりと防護しよう。

マダニ
ライム病や日本紅斑熱、重症熱性血小板
減少症候群(SFTS)など恐ろしい病気を
媒介する。

解体の手順

・洗浄
・懸吊
・内蔵抜き
・皮はぎ
・大ばらし
・精肉

解体の手順は
大体こんな感じだ。

解体するときは胃腸を
傷つけないように気を
つけろよ。肉がダメに
なっちまうからな。

がんばります!

NEXT PAGE

獲物を解体しよう

山から引き出した"屠体"は早急に持ち帰り処理をしましょう。美味しいジビエや美しい毛皮を手に入れるコツは、すべて下処理にあるといっても過言ではありません。

解体の基本

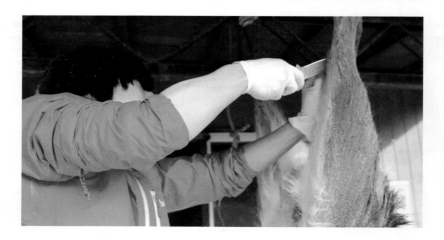

　獲物に止め刺しをして"屠体"になったら、すみやかに解体場所へ移動し、内臓と皮を処理して"枝肉"の状態にしましょう。ここまでの処理がスムーズにできるかで、ジビエの品質は大きく変わってきます。

解体場所の必要条件

　止め刺しが終わったら、速やかに解体場所へ移動させましょう。解体をする場所は専用に整備された施設が望ましいですが、次のような条件がそろっていれば家の軒先やガレージの中などでもかまいません。また、屠体をどうしても搬出できない場合は、その場で野外解体（フィールドドレッシング）を行います。

解体場所に求められる必要条件	
水の利用	屠体を洗浄できる綺麗な水（水道水・井戸水）が確保できる場所。
	屠体を洗浄できる沢がある場所。
	血や内容物を流しても大丈夫な下水や浄化設備がある場所。
	汚水を流しても問題のない場所。
汚染防止	肉を並べて置ける清潔な台がある場所。
	獲物を懸吊できるクレーンや滑車が設置されている場所。
	ロープで獲物を吊るせる天井や、丈夫な木の枝がある場所。
	泥や砂が風で巻きあがらない場所か、風防がある場所。
残滓処理	残滓を一般ごみとして出せる場所。
	残滓を地中深く埋められる場所。
迷惑防止	通行人の目に付きにくい場所。
	目隠しになる物がある場所。
	生体で搬入する場合は、鳴き声や悪臭で近隣に迷惑がかからない場所。

4

猟果を楽しむ

解体の流れ

　解体は汚染区画で行う処理と、清浄な区画で行う処理に分かれます。野外解体を行った場合でも、清浄処理は可能な限り室内で行うようにしましょう。

	工程	概要
汚染処理	運搬	止め刺しした場所から速やかに解体場所へ運ぶ。
	洗浄	綺麗な水を使って、屠体を洗浄する。
	吊り上げ	解体がしやすいように、屠体を吊り上げる。
	内臓出し	屠体の内臓を取り出す。
	皮剥ぎ	屠体の皮を剥ぐ。
清浄処理	部分肉	屠体を胴体、あばら、前足、後ろ足に分ける。
	精肉	部分肉から骨を外し肉だけにする。
	熟成	肉を保存して旨味と柔らかさを引き出す。

解体の服装と装備

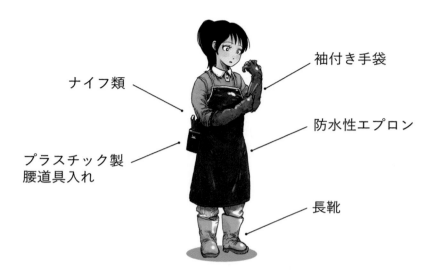

ナイフ類

袖付き手袋

プラスチック製
腰道具入れ

防水性エプロン

長靴

　解体場所に運び込んだら、狩猟用のウェアから解体用のウェアに着替え
ましょう。ウェアを変える理由は衛生面というのはもちろんですが、獲物
の血や内容物が服に付着するとシミになって取れなくなるためでもありま
す。

血やダニが体に付着しないような服装を

　解体時には、手袋と長靴、前掛を必ず着用し、できれば不織布の帽子と
マスクも付けましょう。野生動物には、Ｅ型肝炎ウイルスや野兎病菌、ダ
ニによる重症熱性血小板減少症候群（SFTS）やライム病、日本紅斑熱、ツ
ツガムシ病など、命に係わる危険な感染症のリスクがあります。よって解
体作業では、これらの病原体に触れないようにする服装や装備が必要にな
ります。

ゴム手袋とゴム長靴

手袋は100枚入りの安い使い捨てポリ手袋でもよいですが、汚水や血で服が汚れる可能性を考慮して、『キッチングローブ』と呼ばれる袖先まであるゴム手袋が最適です。首に回してひっかけておくヒモが付いていると着脱しやすいのでおすすめです。また同様な理由で、足元は防水性の高い長靴を着用しましょう。色は、ダニが付着していてもわかりやすいように、白や水色など明るい色の物を選びましょう。

防水性の前掛

上着には、水産加工業や食肉加工施設などでも使われている、ビニール繊維やプラスチック繊維で作られた前掛を着用しましょう。なるべく全身をしっかりとカバーできている方がいいので、前掛と長靴が一体になった胴長（ウェダー）タイプもおすすめです。色合いは手袋などと同じように、ダニが這いあがってきてもすぐにわかるような、明るい色を選びましょう。

タオルと袋

解体では、切り分けた肉や廃棄物を入れておく袋を用意しておきましょう。袋は一般的なゴミ袋でよいですが、通行人に見られる可能性がある場合は黒色の物を使用しましょう。また肉はビニール袋に直接入れると水気が付いて腐りやすくなるため、タオルなどの吸水性の布を用意しましょう。ペットシートがあればタオルよりも水気を吸うのでオススメです。

4

猟果を楽しむ

使用するナイフ

解体に使用するナイフは、止め刺し用のナイフとは異なるタイプが使われます。まず、皮を剥ぐときに利用されるスキナーナイフは、刃の曲面が長く作られており、一回のストロークで広い範囲の肉を毛皮からすき取ることができます。さらに刃先が鋭くないため、毛皮を傷つけにくいといった特徴を持っています。またスキナーナ

**スキナーナイフ
ガットフック**

イフには腹を裂く用のガットフックと呼ばれる曲がった刃が付いており、切れ目を入れた腹部の皮に引っかけて引っ張りあげると、胃や腸を刃先で傷つけることなく皮だけを簡単に切ることができます。

肉を骨から外すときに使用されるケーパナイフ（筋引き）は、刃が細く細かい作業に向いたナイフです。スキナーナイフは刃の幅が厚いので、肉を切ったときに刃がくっついて切りにくくなりますが、刃が細いケーパナイフであればスムーズに精肉することができます。関節やスジを切るために

ケーパナイフ

刃先が細くなっているので、骨の間に入れて"コジる"と簡単に刃がかけてしまうので注意しましょう。

解体用のナイフで困った場合は、ユーティリティナイフと呼ばれる万能に扱える一本を持っておけばよいでしょう。

キツネやタヌキ、ウサギなどの中小型動物を解体する場合は、ナイフよりもポケットカッターやデザインナイフがオススメです。これは指先や頭部などの細かい部位の皮を剝いだり、耳や鼻の軟骨を切除したりする作業がしやすいので、毛皮を利用したいときには用意しておきましょう。

ユーティリティナイフ

ナイフは使うたびに研いで、切れ味を維持しましょう。一般的に研ぎ作業といえば研石が使われますが、初心者が適当に砥石を使うと、逆に刃がガタガタになって切れにくくなるので、ダイヤモンドシャープナを使いましょう。ダイヤモンドシャープナは、ハンディタイプと卓上タイプがありますが、と

ダイヤモンドシャープナ

りあえず100円ショップで売られている卓上タイプのもので十分です。刃を適切な角度でシャープナに当て、角度を変えないように一方向に向かって「シャカ！シャカ！」と4，5回擦りましょう。

ただしダイヤモンドシャープナでは、刃が欠けたナイフは研ぐことができません。この場合は刃物屋さんに出して、機械を使って研ぎなおしてもらいましょう。このときお店の人に砥石の使い方を教えてもらえば、しだいに自分で刃物砥ぎができるようになってきます。

運搬と洗浄

　屠体を止め刺し場所から引き出したら、車両に乗せて解体場所まで移動します。このときダニが体に付かないように注意しましょう。

捕獲後は速やかに解体場所へ

　獲物の止め刺しが済んだら、可能な限り早く解体場所へ移動して下処理を始めましょう。動物は生命機能が低下すると免疫システムが低下し、止め刺しの傷から入った菌や、もともと体内に保有していた菌が増殖しはじめます。さらに恒温動物である哺乳類は、残体温によって菌の成育に適度な環境ができているので、高い栄養素を含む血液を媒介して爆発的に増殖します。止め刺しから菌の増殖まで、どれほど時間がかかるかは個体差や環境によっても大きく変わりますが、現在のジビエ解体場のガイドラインでは捕獲から処理場への搬入までは約2時間以内がよいとされています。

　もし、何かしらの理由で解体施設までの運搬が4, 5時間以上かかってしまう場合は、屠体を池や川の流水につけて冷却するという手があります。これはけっして衛生的な方法ではありませんが、残体温により胃腸内にガスがたまり、肉に排泄物臭が付くよりかは、いくぶんかマシと言えます。

車で運ぶ場合はダニ対策を厳重に

　軽トラの荷台に乗せて獲物を解体場所まで運搬する場合は、コンクリートを混ぜる用のプラスチック製の箱（トロ船）に入れて、血やダニが漏れ出ないようにしましょう。

　普通車のトランクに入れる場合は、大きなビニール袋などに入れて殺虫剤を振り、口を縛ってダニが這い出ないようにします。なお、ダニにはア

トロ船

リやハチ用の殺虫剤は効かないので専用の物を使用しましょう。

デッキブラシでこする

　解体場所に付いたら、屠体の体に付着している泥や血を洗い流します。汚水を流せる場所に寝かせたら、ホースから水を出しながらデッキブラシでこすり、可能な限りの汚れを落としましょう。

洗浄では洗車などで使う高圧洗浄機があるとはかどります。

　給湯設備が整っている場所であれば、65℃ほどのお湯をかけてダニを殺しましょう。ダニは低温には強いですが、熱には弱いため、お湯をかけると死滅します。運搬中に獲物に触れて、衣服にダニが付いている可能性がある場合は、自宅にあがる前に服を熱いお湯に浸して殺ダニをしましょう。なお、十分な給湯量があるのならダニと一緒に毛を『湯剥き』してしまうのもよい手です。

4
猟果を楽しむ

懸吊する

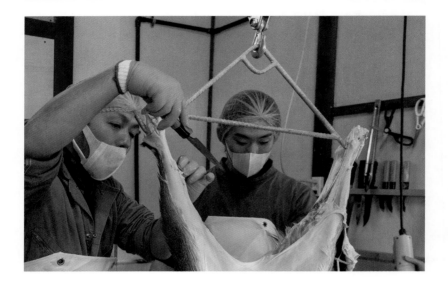

　屠体の洗浄が終わったら、ロープやワイヤーを使って吊り上げましょう。寝かせた状態で解体することもできますが、吊り上げた方が衛生的かつ効率的に作業ができます。

解体ハンガーを後足に通す

　懸吊する場合は解体用ハンガーを使うのが一般的です。これは先端が曲がった洋服のハンガーのような道具で、屠体の後ろ脚に先端を通すように使います。解体用ハンガーは自作することもできますが、Amazonなどで購入でき、滑車が付いて6,000円程度とそれほど高い物ではありません。

　ハンガーは電動ウィンチや滑車などを使って高い場所に吊り上げます。ハンガーで足をひっかけた屠体は体が開くように吊るされるため、剥皮や内臓出しといった作業がやりやすくなります。

　電動クレーンは本格的な物は20万円近くしますが、耐荷重100kg程度であれば安くて1万円前後で購入できます。また滑車を利用して手動で吊り上げるチェーンホイストやロープホイストと呼ばれるタイプであれば、5,000円程度で購入できます。

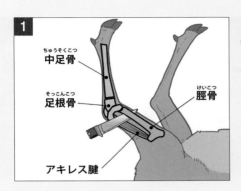

1

ちゅうそくこつ
中足骨

そっこんこつ
足根骨

けいこつ
脛骨

アキレス腱

スネ（脛骨）とアキレス腱
の間に切り込みを入れる。

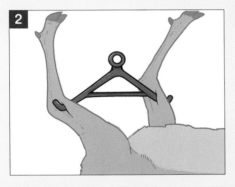

2

解体用ハンガーの先端を切
り込みの間に通す。

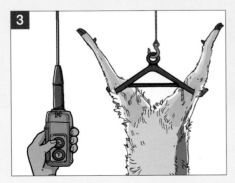

3

ウィンチや滑車を使って屠
体を吊り上げる。

4

猟果を楽しむ

野外解体の場合

　解体施設が使えない場合は、屠体を木に吊るして解体を行いましょう。木に吊るす方法には色々ありますが、まず木の高いところにスリングベルト（重量物を吊り上げる化学繊維でできた丈夫な

ベルト）をきつく結び、両端のアイにカラビナを接続します。このカラビナにロープを通して、滑車を使って屠体を引き上げます。滑車が無い場合はロープワークのトラッカーズヒッチを使って引っ張ったり、近くに車があるなら車の牽引フックを引っかける所にロープを結んで引っ張り上げましょう。

足先を落とす

　屠体を吊り上げることができたら、次に前足・後ろ足の足先を落としてしまいましょう。この部位は肉がほとんど付いておらず、蹄には泥が付いているので、早めに処分してしまったほうが良いです。

　まず前足は、前足を手に取って動かしてみて、関節の位置を確認します。動く力所がわかったら、内側から刃を入れて関節を外しましょう。

　関節を外すときは皮にグルリと切れ込みを入れて、白く見えるスジの部分を刃先を使って切り離します。無理やり刃先を関節に入れて「ゴリゴリ」とこじると、刃先が折れてしまうので注意してください。ある程度スジが切れたら、足先を回転させると「ボキッ！」と外すことができます。

後足は関節部分から"指1本分ぐらい足先側"にある、『中足骨と足根骨の関節』を切り離します。関節部分（足根骨と脛骨）を切り離してしまうとハンガーが外れてしまい、懸吊した屠体が落ちてしまいます。

また懸吊した屠体のアキレス腱には強い荷重がかかっているため、刃先が触れると簡単に切れてしまうので注意してください。

後足の足先を落とすのは、初心者では特に間違いやすい部分です。初めのうちは一気に切り離そうとせず、まず「中足骨、足根骨、脛骨がどのように繋がっているか」をよく観察し、少しずつ刃を入れて関節部分を探してみてください。

中型獣を懸吊する

中型獣を解体するときも同様に、木などに懸吊しましょう。屠体が小さく解体ハンガーが使えない場合は、ロープを使って後足を左右に引っ張り、体が開くようにしましょう。

4

猟果を楽しむ

内臓を出す

　屠体がしっかりと懸吊できていることを確認したら、次に腹を切って内臓を出します。解体においてもっとも慎重さが必要な工程で、もし胃や腸を傷つけると内容物が噴き出して肉が汚染されます。野生動物の消化器官内には病原性大腸菌をはじめ、さまざまな食中毒菌が含まれているので汚染された肉は、食品としての安全性が大きく低下します。

肛門を外す

　内臓をスムーズに摘出するために、肛門を外しておきましょう。まず、肛門周りの皮を丸く切り、直腸の位置を確認します。細い刃先のナイフに持ち替えたら、慎重に直腸周りに癒着した肉を切り離

してください。腸を傷つけると内容物が漏れ出してしまうので、十分注意しましょう。

　より衛生的に処理をするのであれば、肛門周りをガスバーナーなどで焼いておきましょう。また、切り取った肛門にはビニール手袋などを被せて、結束バンドで手袋ごと強く結んでおきます。こう

することで、万が一腹圧がかかっても糞が漏れ出る心配がなくなります。結んだ肛門は腹の中に押し込んでおきましょう。

内臓を摘出する

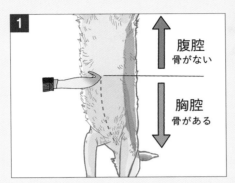

腹腔
骨がない

胸腔
骨がある

胸骨の境目に切れ込みを入れて、のどに向かって刃をすべらし、皮を切る。ここの下には内臓はないので、ナイフの刃を押し当てて切ってもかまわない。

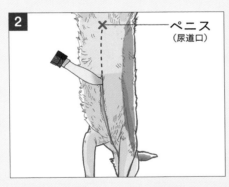

ペニス
（尿道口）

切れ込みを入れたところから、皮一枚のところにナイフの先を入れて、刃を上に向けながら股の方向に向かって皮を切る。
皮と腹膜の境目をよく確認してナイフをいれること。
ガットナイフがあれば、刃を皮にあてがって、ジッパーを引くように切断する。

尿道の位置を確認しながら傷つけないように皮を切る。

刃がペニスの付近に来たら、股の付け根の方向にずらして皮を切る。
ペニスと肛門の直線状には尿道が通っているので切断しないように注意する。

4
猟果を楽しむ

刃が肛門付近まで到達したら、再度、ペニスの手前から、逆方向の股に向けて皮を切る。

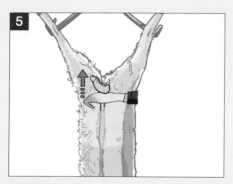

尿道を指で触ってみて、管になっていることを確認する。ナイフを尿道の下に入れて、剥がしていく。

刃先で股の中心を切っていき、恥骨をむき出しにする。

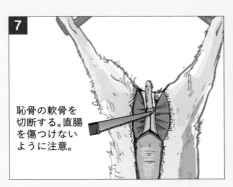

7

恥骨の軟骨を切断する。直腸を傷つけないように注意。

細いノコギリで恥骨のつなぎ目（軟骨）を切断する。恥骨の下には直腸が通っているので、焦らずにゆっくりと切断すること。

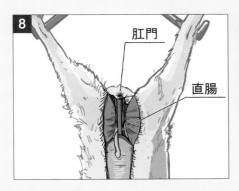

8

肛門

直腸

恥骨を左右に開いて、直腸をむき出しにする。
先に肛門を切り取っていない場合は、直腸を結束バンドで結んで糞が漏れ出ないようにする。

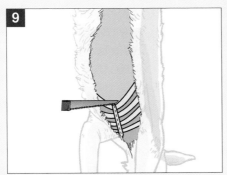

9

胸部の皮をめくって肋骨をむき出しにする。左右の肋骨の中心には胸骨がついているので、つなぎ目の軟骨をのこぎりなどで切断する。

4

猟果を楽しむ

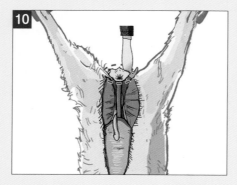

直腸を触って肛門の位置を確認し、肛門周りの皮を大きめに切断する（先に肛門を切り取っている場合は省略）。

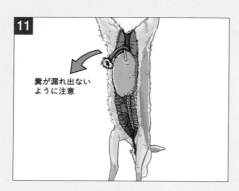

糞が漏れ出ないように注意

直腸を握りながら、手前に引っ張り、肛門が下を向くようにする。

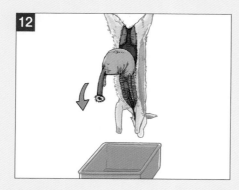

直腸の後ろに手を入れて、腹膜（胃腸が入っている袋）を引きはがす。腹腔は手前に垂らすようにして、下の容器（袋）の中に落としていく。

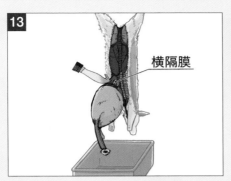

13

横隔膜

胸骨との境目に、腹膜とつながっている横隔膜があるので、ナイフの先で突いて切る。

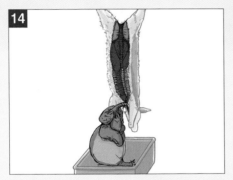

14

胸骨の中にあった、肝臓、心臓、肺などの臓器を、そのまま下の容器に落としていく。

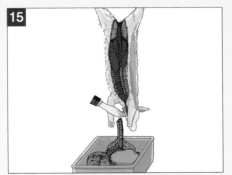

15

気道・食道まで到達したら、ナイフで切断して、すべての内臓を下の容器に収める。

4

猟果を楽しむ

皮を剥ぐ

　内臓を摘出したら、次に皮を剥いでいきましょう。切った皮が内側に巻き込まれると肉に毛が付いてしまうので、皮は必ず引っ張りながら剥いでいきましょう。また皮剥ぎは、"皮を剝る"のではなく、"筋膜を剥ぐ"ことを意識して作業をしてください。

肉を水で洗ってはいけない！

　内臓を出したあと腹腔内には血が溜まっているので、水で洗い流したくなるかもしれませんが、これ以降の作業において水は極力使用しないようにしましょう。私たちは『水で洗えば綺麗になる』と信じ込んでいますが、細菌は水で流しても除去することはできません。むしろ肉に真水が付着したままにしておくと、細菌が増殖して腐敗を加速させてしまいます。また、体表や地面の水しぶきが肉について逆に汚してしまい、さらに水しぶきによって周囲に食中毒菌が飛び散る二次感染が発生するリスクがあります。少し受け入れ辛い話かもしれませんが、『水は肉の大敵』だということを覚えておきましょう。

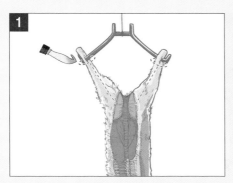

1

後ろ足のハンガーがかかっている部分（足根関節）まわりの皮を丸く切る。
そのまま股間に向けて皮を切る。
肉を切らないように、刃は外向きにするとよい。

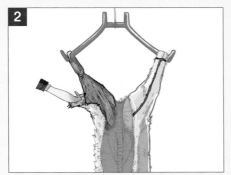

2

後ろ足から下に向けて皮をはいでいく。

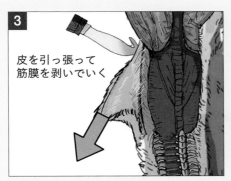

3

皮を引っ張って筋膜を剥いでいく

皮を引っ張ると、皮と肉の間にある白い筋膜が目立つようになるので、刃先でそこを"触れる"ように切っていく。
刃を引くと皮が切れてしまうため、毛皮を利用したい場合は特に注意すること。

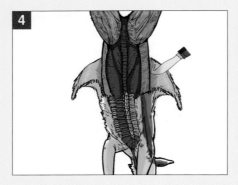

皮剥ぎは、なるべく左右対称になるように進める。皮が肉側に巻いて毛が付着しないように、テンションをかけながら作業すること。

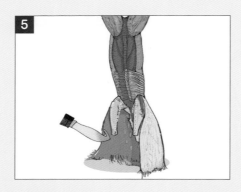

前足の脇まで来たら前足の皮に切れ込みを入れて、皮を剥いでいく。

頭と首の境目まで皮を剥いだら頭部と頸椎のつなぎ目を切り取る。これで頭と皮を一緒に落とすことができる。頭と脛骨のつなぎ目がわかりにくい場合は、アゴの裏から刃を入れて、耳の後ろ側まで皮を切ってみると、つなぎ目が現れる。

毛皮なめしをするなら丁寧に剥ぐ

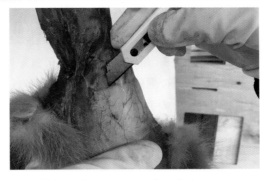

　毛皮を利用したい場合、皮に穴が開いてしまうと台無しなので、皮にナイフを当ててはいけません。これは慣れていない人が顔のヒゲを一枚刃のカミソリで剃ると血だらけになるのと同じで、毛皮にナイフの刃を当てると、初心者は絶対に穴をあけてしまいます。

　シカやタヌキ、テンといった皮下脂肪の少ない動物の場合は、半分ぐらいまで皮を剥いで、剥いだ皮の端っこをヒモなどで車にくくりつけ、引っ張って皮を引きはがすこともできます。毛皮は切るのには弱いですが、"引っ張る"ことには強いので、この方法なら簡単かつ綺麗に毛皮を得ることができます。

寝かせる場合は片側から皮を剥いでいく

　大型のイノシシのように懸吊することが困難な場合は、屠体を安定した台の上に置き、前足・後足をロープで結んで体が開くように引っ張ります。この状態で内臓を出し(方法は懸吊した場合と同様)、皮剥ぎを行います。

　皮を剥ぐときは屠体を横に寝かせて片側から剥いでいきます。背中まで剥けたら銀面（肉が付いていた面の皮）を拡げた上に屠体を寝かせ、逆側を剥いていきます。頭を落としたら、屠体を一旦清潔な場所に移動させ、台の上を掃除してから大ばらしの作業を行います。

肉にする

獲物は動物から、屠体になり、そして食品へと変わっていきます。私たちがこれまで何気なく食べていた肉の一枚一枚には、生きた動物の歴史と多くの手間がかかっていることに気付かされるはずです。

食肉にする

　私たち人間を含めた哺乳類の体は、大きさや姿に違いはあれど、基本的な筋肉の種類や骨の構造に違いはほぼありません。

動物の姿から食肉へ

　食肉の解体は、内臓を除去し皮を剥いだ状態から、関節を外した骨付きの状態にした『部分肉』、骨が外されて、肉から傷んだ部分や余分な部分を切って成型した『精肉』に処理されていきます。

　部分肉や精肉の分け方は、解体する人によって若干違いますが、基本的には大きく右図のように、イノシシの場合は5種類、シカの場合は13種類に分けることができます。

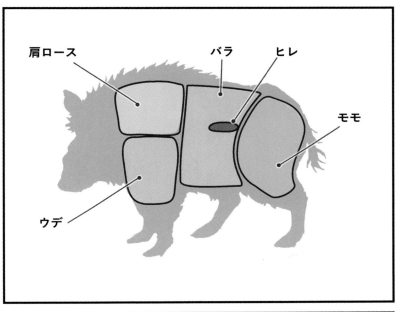

肩ロース
バラ
ヒレ
モモ
ウデ

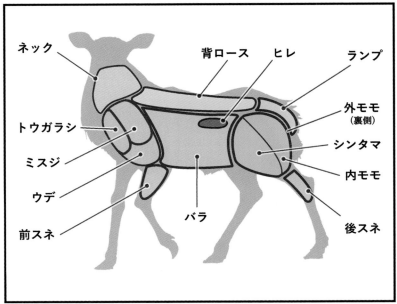

ネック
背ロース
ヒレ
ランプ
トウガラシ
外モモ
（裏側）
ミスジ
シンタマ
ウデ
内モモ
バラ
後スネ
前スネ

4
猟果を楽しむ

シカの大ばらし

　内臓出し・剥皮が終わったら、次に肉を大きなパーツに分離していきましょう。懸吊している場合は基本的に、地面に近い側（前足）から吊るしている部分（後足）に向けてバラしていきます。

　シカとイノシシの体の構造は基本的には同じですが、あばら骨の強さが大きく違い、イノシシの場合は胸を持って左右に強く押すと「バキッ！」と開くことができますが、シカの場合はあばらの関節が柔らかいため割ることができません。そこでシカの場合は、バラ肉や背ロースは吊るした状態で骨から外す方法がオススメです。

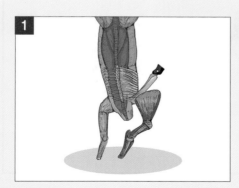

1

前足を動かして、筋肉が癒着している部分を確認する。
動物の前足（人間でいうと腕）には関節はなく、背中と薄い筋肉（僧帽筋）でくっ付いている。

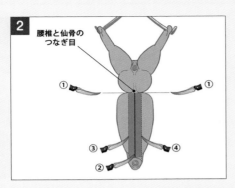

① 腰椎と仙骨の位置を確認し、肉をグルリと切れ込みを入れる。
② 脊柱の中心を確認したら真っすぐに切れ込みを入れる。
③ 肉のスジに沿って、左右の背ロース・首肉を切り離す。

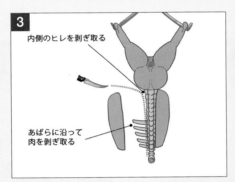

背ロースを取り外した切れ込みから刃を入れて行き、あばら骨に沿ってバラ肉を外していく。このとき、腹の内側についているヒレも取り外しておく。

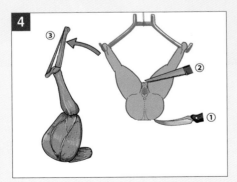

① 腰椎と仙骨の関節に刃を入れて、腰より上を切り離す。
② 仙骨の中心を確認し、ノコギリで切り離す。ノコギリが無い場合は大腿骨から切り離しても良い。

4

猟果を楽しむ

イノシシの大ばらし

イノシシの場合はあばら骨の関節が固いため、体を左右に押せば開くことができます。そこで、皮剝ぎを終えたら解体フックから取り外し、台の上に置いてあばら骨の関節に切れ込みを入れましょう。腹を両手で

持って力いっぱい押すと、あばら骨の関節が外れて体が開きます。

イノシシは背割りにすることも多い

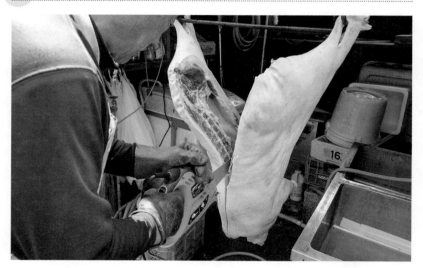

イノシシは家畜のブタと同じ方法で解体される場合も多いため、脊柱を中心に左右に切り離す背割りで処理されることもあります。

専用の道具が必要そうに思えますが、脊柱はそれほど固くはないため、大きめのノコギリがあれば個人でも可能です。ただし、屠体がブラブラと動くと真っすぐ切れないので、前足をロープで引っ張るなどの工夫をしましょう。

上身と下身に分離する

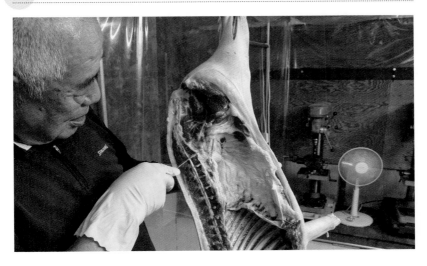

　イノシシを枝肉にした場合、次に上身と下身に切り離します。切り離す部分は腰椎と仙骨のつなぎ目が白い線になって見えるので、ここに刃を入れましょう。モモ肉が付いている下身はこれで大ばらしが完了なので、解体ハンガーから取り外しておきます。

　上身には、バラ、ヒレ、肩ロース、ウデが付いています。腹の内側には内臓脂肪（腹脂）が癒着しているので切り離しておきましょう。解体方法によっては腎臓が取り残されている場合もあるので、これも除去します。腹脂は茹でて脂を分離し、冷やしてラードとして利用することもできます。

　ウシやブタの場合、枝肉にした状態で一旦熟成が行われます。丸太の状態よりも腹の内側に冷気が触れやすいので、腐りにくくなると言ったメリットがあります。

精肉する

　部分肉にしたら、次は骨を外して肉のブロックにします。さらにブロックから、ゴミの付いた部分や、はみ出した肉片などを切りそろえる成型（トリミング）を行い、精肉にします。

料理に応じて精肉具合を変えていく

　私たちが普段お店で見かける食肉は綺麗に精肉されており、骨が付いた状態では売られていないので、ジビエにおいても骨から肉を外した状態が"最終形態"と思われがちです。しかし、必ずしもわざわざ肉から骨を外して綺麗に切りそろえる必要はなく、『骨付き肉』の状態でとどめておいた方がよい場合も多くあります。

　例えばシカやイノシシのスネ肉は、わざわざ手間をかけて骨を外しても肉質が固いため、ミンチぐらいにしか使われませんが、骨付きのまま茹でて調理すると、骨が肉の縮みを防いで柔らかく仕上がり、さらに骨からの旨味が染み出すので、精肉した状態よりも格段に美味しくなります。また背中の肉も、精肉して背ロースとして食べるのもよいですが、背骨と肋骨をセットにした『チョップ』と呼ばれる形にすると、背ロースとはまた違った料理にできます。

タヌキやアライグマといった中型動物は骨からよい出汁が取れるので、だいたいが骨付きのまま料理されます。また、タイワンリスといった小型動物は骨から肉を外すとほとんど食べるところが無いため、

そのまま串焼きにした方がよいでしょう。

　このようにジビエを解体するときは、「肉は骨から外さないといけない」という思い込みは捨てて、「どのような料理を作りたいか」といった料理ベースで考え、場合によっては骨付き肉や丸焼きといった"精肉しない"方法をチョイスすることも重要です。せっかく自分で作り出す食肉を、お店で売られている物の模倣にしてしまっては、おもしろくありません！

精肉するほど鮮度の落ちは早くなる

　また、肉は切れ目を入れれば入れるほど、劣化や腐敗が早まることに注意しましょう。動物の筋肉中や血液中といった生体内は、免疫機能で防御されていたので、基本的には無菌の状態です。しかしナイ

フを入れて骨抜きや精肉をすると、外気に触れる面積が広くなり、さらにナイフに付着していた菌が肉表面に付くので腐敗も早まります。つまり肉は、骨付きの状態の方が腐敗の進行は遅く、ジビエの安全性を高めることができます。

もも肉を分離する

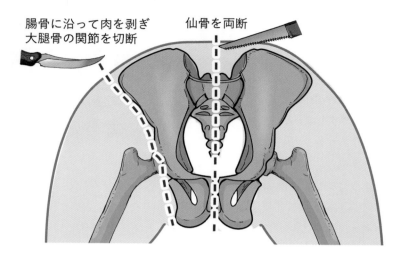

腸骨に沿って肉を剥ぎ
大腿骨の関節を切断

仙骨を両断

　大ばらしで仙骨が付いた状態で分離している場合は、腸骨に沿って刃を入れていき、大腿骨の関節を切り離しましょう。初めは関節の位置がわかりにくいかもしれませんが、骨に沿って肉を剥いでいけばボール状の関節に行きあたるはずです。

　大腿骨を外すときは、関節に刃先を入れないようにしましょう。刃を関節に入れたまま動かしてしまうと、刃先が折れてしまう危険性があります。

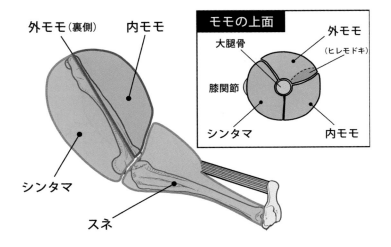

外モモ（裏側）　内モモ

シンタマ

スネ

モモの上面

大腿骨　　　　　外モモ
　　　　　　　　（ヒレモドキ）
膝関節

シンタマ　　　　　内モモ

　後足からは、外モモ、内モモ、シンタマ、スネ肉に分離できます。これよりも細かく分離できますが、あまり細かく分けすぎても食味に違いはほとんどありません。

　後足の解体は、まず膝の関節を曲げてみて、そこから切れ込みを入れ、スネとモモ肉に分離します。モモは白い線のように見える筋膜に沿って刃を入れて行き、手で引きはがしながら剥ぎ取っていきます。

　モモは上図のような構造になっており、外ももと内ももの間には「ヒレモドキ」と呼ばれる細い肉があり、シンタマには膝の皿が付きます。

内もも肉　　　　外もも肉　　　　シンタマ

シカの前足を分離する

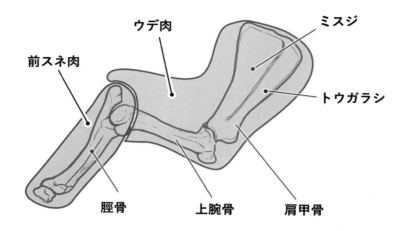

シカの前足からは、肩肉（ミスジ・トウガラシ・ウラミスジ）、ウデ肉、スネ肉に分離することができます。肩肉が付いている肩甲骨はＴ字型をしているので、突起部分に沿って左右に切り分けます。このときの関節の内側に付いている大きめの肉はミスジ、関節側に付いている小さめの肉はトウガラシ（または「トンビ」）と呼ばれています。肩甲骨の裏側はウラミスジと呼ばれますが、肉がとても薄く筋が多いため、ウデ肉やスネ肉と一緒に煮込み料理などにすると良いでしょう。

イノシシの上身を分離する

イノシシの上身から、まずはヒレを取り外す。

あばら骨の内側に付いている薄皮を外す。この薄皮には内臓臭が付いているので、取り外すのを忘れないように。

あばら骨とバラ肉の間に刃を入れて、あばらが浮き上がるようにする。

あばら骨についている胸骨を取り外す。あばら骨と胸骨は軟骨で繋がっているため、引っ張りながら刃を入れて切り離す。

あばら骨に沿って刃を入れて行く。深く刺すと肉を貫通してしまうので注意。

あばら骨をすくように肉から切り離す。ワイヤーを使った専用の『骨はずし』という道具を使うと作業が速くなる。あばら骨をすべて浮かせたら、捩じるように引っ張って、あばら骨を1本ずつ取り外す。

脊柱に沿って刃を入れて行く。脊柱の上側（背中側）は突起になっているので、ナイフの持ち方を変えて肉との癒着を切り離す。

すべての癒着を剥いだら、脊柱を持ち上げながら切り離していく。

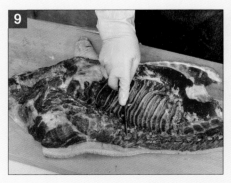

あばら骨と脊柱を取り外したら、首元からあばら骨6〜7本目の位置を切り離す。この位置を切ると、肩甲骨の端が現れる。

4

猟果を楽しむ

イノシシの肩ロース・ウデを分離する

ウデの外側を上向きにして、肩甲骨に沿って肩ロースを取り外す。

ウデの肉を切り開き、上腕骨を剥き出しにする。上腕骨と肩甲骨の関節を切断する。上腕骨に癒着している肉を切り離し、上腕骨を取り外す。

肩甲骨の内側（肩ロースを外した面）の肉を、肩甲骨に沿って切り離す。

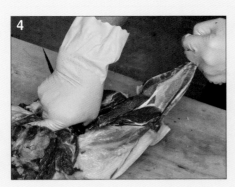

肩甲骨の関節を握って手前に引っ張るようにして肉を剥がす。イノシシの肩甲骨は「コ」の字になっているので、刃を入れるよりも早い。

イノシシのモモを分離する

モモの抜骨は、腸骨に沿って刃を入れて大腿骨の関節を外して寛骨を外します。モモを切り開いたら、脛骨と大腿骨、腓骨（小さな骨）、膝の皿（膝蓋骨）を取り除いて完了です。

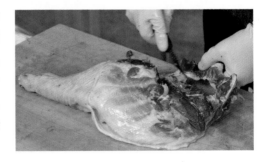

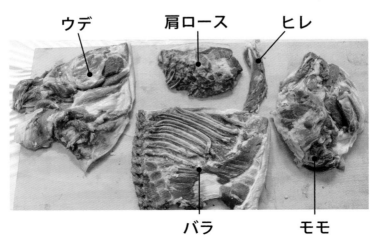

ウデ　　肩ロース　　ヒレ

バラ　　　　　モモ

熟成させる

　私たち日本人は食材の「新鮮さ」をよく気にします。確かにフレッシュな野菜や魚は美味しいのですが、こと食肉に関しては新鮮であることが『旨味があること』にはつながりません。

肉は熟成させて旨くなる

　動物の筋肉は死後2〜3時間ほどたつと、タンパク質同士が強く引っ張り合って"死後硬直"と呼ばれる状態になります。この状態からさらに時間がたつと、引っ張り合っていたタンパク質は自己分解酵素の働きでアミノ酸に分解され、硬直も解けて柔らかい肉質になっていきます。

　この分解されたアミノ酸は、私たちが口の中に入れると"旨味"を感じる物質であり、捕獲後すぐに食べるよりも格段に食味や風味がよくなります。このように、時間をかけて動物の筋肉を食肉へと変えていくことを熟成といいます。

熟成の目安は鹿肉7日、猪10日

　熟成がどのくらいの期間必要かは動物の種類によって変わり、ウサギやタヌキ、アライグマなどの中小型動物の場合は3日、ニホンジカの場合は7日、イノシシの場合は10日が目安だといわれています。ただし熟成の進行は温度が高いほど早くなります。

止め差しまでのストレスによっても味は変わる

　また、熟成による旨味成分の増加量は、止め刺し時に獲物が感じていたストレスによっても変わってくると言われています。動物の筋肉中には『クエン酸回路（ミトコンドリア）』と呼ばれる仕組みがあり、このシステムに食料から得た炭水化物、タンパク質、脂質が入るとATP（アデノシン三リン酸）と呼ばれるエネルギー物質が生み出されます。このATPは動物の死後、分解されて旨味成分となりますが、止め刺し直前まで暴れていたり過剰なストレスを受けていたりすると、このATPが消費されてしまい、結果旨味が大幅に減少します。

　さらにATPの消費された肉を熟成させると、赤黒くて肉質の固いダークミート（DFDミート）や、水っぽくて味の薄いムレ肉（PSEミート）になる原因とされています。つまり獲物を速やかに苦痛が少なくなるように止め刺しをすることは、人道的な理由なのはもちろんですが、美味しいジビエを手に入れるためにも重要なことなのです。

> ジビエ料理は獲物を捕獲した瞬間から始まる。美味しくて安全なジビエを手にいれるためにも、ハンティングの技術を磨こう！

猟果を楽しむ

4

熟成は細菌たちとのレース

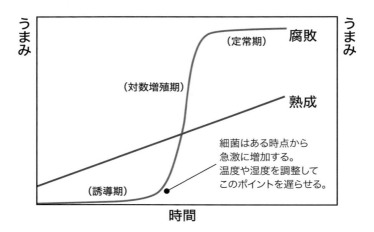

うまみ

（対数増殖期）

（定常期）　腐敗

（誘導期）

熟成

細菌はある時点から
急激に増加する。
温度や湿度を調整して
このポイントを遅らせる。

うまみ

時間

　肉の熟成は"腐敗との闘い"でもあります。熟成では肉を数日、もしくは半年以上かけて行いますが、何の処置もせずに放置しておけば当然肉は腐っていきます。腐敗は食品に付いた細菌類（バクテリア）によって起こります。細菌類は食品のタンパク質や脂質に取り付いて分解をはじめ、そこからエネルギーを得て増殖しますが、このとき細菌の種類によってはアンモニアや硫化水素などの腐敗臭を出します。さらにカンピロバクターや病原性大腸菌、ブドウ球菌といった細菌が増えると、人間に有害な毒素を作り出したり、胃腸内に入って増殖したりして食中毒を引き起こす原因になります。

温度を抑える

　私たちの身の回りに生息している一般的な細菌類は25〜35℃の範囲内で盛んに増殖し、低温になるほど活動が鈍ってきます。よって熟成では、なるべく肉の温度を落とすことがポイントになります。もちろん冷凍庫に入れておけば腐敗はほとんど進行しませんが、これだと熟成も進まなくなるため、肉を保管しておく場所は肉が凍らない程度の温度（0℃付近）を維持できるチルド室が最適です。

水分を抑える

　また、細菌類の繁殖には水分が必要になります。この水分は、肉の表面に付いている水滴でも細菌類は繁殖に利用できるため、肉の保管場所は可能な限り湿度を下げましょう。なお、湿度を下げる

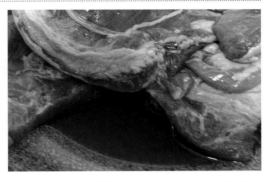

と肉の表面は乾燥し、赤黒くなって見た目が悪くなりますが、肉の内部は無菌の状態が保たれているので、料理のときに乾燥部分を除去すれば問題ありません。

　さらに水分の管理では、肉から染み出る肉汁（ドリップ）をしっかりと取り除かなければなりません。ドリップには水分だけでなく、細菌類が繁殖に利用しやすいアミノ酸も大量に含まれているため、腐敗の大きな原因となります。よって熟成中はタオルや布を巻いて、初めは1日に2回、2日目ぐらいからは1回、3日目以降は布にドリップが染み込みしだい変えていきましょう。

　いちいち交換するのが面倒くさいのであれば、吸水性の高いペットシートやおしめで巻きましょう。食品をおしめで巻くのはなんだか気が引けますが、3日目までに1，2回の交換で表面に浮き出

る水分を除去することができます。

そもそも細菌を肉につけない工夫を

腐敗を遅らせるためには温度と水分の管理が重要ですが、それ以上にそもそも"細菌類を付けない"ようにしましょう。

細菌類は空気中やまな板の上など、いたるところに存在しますが、一

番多いのは調理に使うナイフです。よって解体器具は煮沸やアルコールで消毒して付着している細菌類を死滅させてから使いましょう。

また食中毒の原因となる細菌類の多くは、動物の消化器官に生息しています。そのため内臓を傷つけないように解体することが食中毒を抑えるうえでも最も重要になります。

真空パックは腐敗に大きく影響を与えない

お店で売られているソーセージやハムなど腐りにくい食肉は、真空パックされているので、「真空にすると腐りにくくなる」と思われがちです。しかし実際は、パック時に加熱によって殺菌処理

をしているから腐りにくいだけで、真空処理自体に腐敗を防止する効果はほとんどありません。

ただし、熟成が完了したあとに冷凍保存をする場合、真空パックをしておくと水分が抜けた部分に空気が入って食味が劣化する"冷凍焼け"を防止することができるので、食味を維持することに対しては効果的です。

なるべく部分肉で熟成させる

腐敗の大きな原因となる水分（ドリップ）や、細菌が付着する面積は、肉を切断すればするほど大きくなります。よって熟成は綺麗に精肉した状態で行うよりも、骨付きのまま行い、酸

化や部分的に腐敗したところはトリミングして除去した方がよいです。実際の畜産業の現場でも熟成は枝肉のままチルド室で行われています。自宅の冷蔵庫では骨付きのまま保管しておくことは難しいと思いますが、北海道や標高が高い地域で外気温が0℃を上回らない場所であれば、袋をかぶせて納屋にぶら下げておくだけでもかまいません。

熟成に手間をかけたくないなら、発酵やマリネ

「美味しいジビエを食べたいけど、熟成に手間をかけたくない！」という人には、発酵がオススメです。発酵は酵母菌や麹菌、乳酸菌などで肉のタンパク質を分解させる方法です。原理とし

ては腐敗と同じですが、『不特定の細菌が活動する』のが腐敗で、『特定の細菌が優位的に活動する』が発酵といった違いがあります。

また、パイナップルやリンゴなどが持つタンパク質分解酵素を利用して、肉を熟成させたような旨味と柔らかさにする"マリネ"も効果的です。さらに肉をオリーブオイルに漬けておくと、水分が少なくなって細菌類の活動が鈍り、酸化も防止されるので、長い時間熟成をさせることもできます。オリーブオイルと野菜、果物、スパイスで、オリジナルのマリネ液（ソミュール液）を作って楽しみましょう！

猟果を楽しもう！

スキナー　　　　　ケーパー　　　　　ユーティリティ

ジビエを料理する

狩猟の醍醐味といえば美味しいジビエです。免許の取得から解体まで、これまでの苦労が花開くとき。自然の恵みを思う存分楽しみましょう！

ジビエの楽しみかた

アナグマ肉

　イノシシやシカを1頭獲れば、何十キロものお肉が手に入る狩猟という世界。あなたはその山のように積まれたお肉を目の前に、あれこれ料理のレシピを調べるはずです。しかしジビエは牛肉や豚肉などの家畜のお肉と一緒に考えていると、痛い失敗をするかもしれません。

ジビエと畜産肉、"美味しい"のはどっち？

　「ジビエと畜産のお肉はどちらが美味しいか？」と問われたら、正直な話『畜産肉の方が美味しい』です。これは別に意外な話ではなく、畜産動物が高栄養の飼料を与えられて"食肉のエリート"として育てられてきたのに対し、野生動物たちは決して人間に食べられるために生まれてきたわけではないからです。それでは、獲物をしとめての肉を食べることに、どのような魅力があるというのでしょうか？

その魅力の一つが『料理の楽しさ』です。畜産肉は徹底的に管理された肉なので美味しいのは確かですが、それはどう料理しても・いつ料理しても変わらない『平凡な美味しさ』です。しかしジビエは、獲物との出会いの数だけジビエに違いがあり、またお店に並んでいるだけの畜産肉にはない、自分の手で肉を得たという"ストーリー"があります。その味の違いを己の料理の腕で乗りこなす楽しさは、畜産肉を料理するのがオートマ車を運転する感覚としたら、ジビエは"マニュアル車"を運転するような楽しさがあるといえます。

ジビエ料理はファーストフードとは真逆の料理

ジビエの魅力の二つ目に『味の面白さ』があります。ジビエは家畜肉に比べて、肉質は固く、臭みは強く、個体差が大きい食材です。しかし裏を返せば畜産肉ではできない凝った味付けや、手間暇をかけた調理ができるということです。例えば硬い肉質は『噛み応えのある料理』になりますし、臭みの強さは『野性味』になります。ジビエは確かに"クセの強い食材"ですが、逆に畜産肉の味わいは"人間に媚びた食材"だといえるのです。

もちろん、ジビエを料理する人のなかには「面倒だから手早く料理したい！」という人もいると思いますが、ジビエ料理をファーストフードと同じように考えてはいけません。手間がかからない料理とは、それだけ食材に人の手が加わっているということです。つまり人の手でまったく管理されていないジビエは、ファーストフードにまったく向いていない食材なのです。

余すところなく食べて喰い供養

ジビエの三つ目の魅力が『余すところなく食べられる』ことです。例えばイノシシやシカの胃腸や心臓、骨、血液といった部位は、処理に手間がかかりすぎるため商品として出回ることはまずありません。しかしこれらはジビエシェフなら垂涎ものの美味しい部位です。このような肉以外の部位も、余すところなく味わえるのは、ハンターの特権だといえるのです。

4

猟果を楽しむ

"焼く"を学ぶ

鹿もも肉のロースト

　『肉を焼く』という料理方法は単純そうに思えますが、実は恐ろしいほど奥深い世界で、フレンチの世界でも『ロスティール』と呼ばれる肉を焼く専門シェフがいるほどです。

脂が少ないジビエだからこそ、火加減が重要

　肉を焼く料理として一番初めに思い浮かぶ料理が"焼肉"です。熱々の網の上でジュウジュウと音を立てる焼肉は、その音を思い出すだけでもよだれが出てしまいます。しかし焼いたときに肉が「ジュウジュウ」と音を立てているのは、その肉にしっかりと脂分が含まれている場合だけです。

　筋肉の細胞は高い温度をかけると、細胞壁が壊れて中から旨味成分を含んだ肉汁が漏れ出てしまいます。もし、この肉が畜産肉のように脂質が多い肉であれば、肉自身の旨味が少々落ちたとしても脂分が溶けだして肉をコーティングするため、旨味は維持されます。しかし肉中の脂質が少ないジビエの場合は、熱を加えすぎるとすぐにパサパサになってしまい、食味が極端に低下してしまいます。

熱の入れ具合×食中毒のリスクの関係性

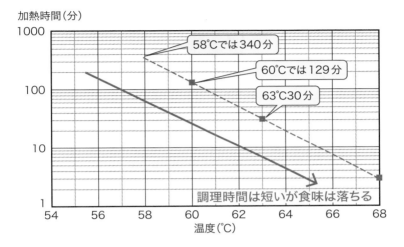

加熱時間(分)

58℃では340分

60℃では129分

63℃30分

調理時間は短いが食味は落ちる

温度(℃)

　火加減が難しい赤身肉は、馬肉やマグロからもわかるように、刺身やルイベ（冷凍刺身）といった生食が好まれます。ジビエにおいても、特にシカ肉は生食が好まれ、実際にシカ刺しは絶品です。しかし、当然ジビエは衛生管理が行われている食品ではないので、生食は食中毒や人畜共通感染症のリスクが高くなってしまいます。

　そこで肉に加える火加減と火入れの時間は、食中毒のリスクを極限まで下げたうえに食味もよいとされる『63℃で30分』を目指します。俗にこの火加減は「肉が火傷をしない温度」と言われており、肉をフライパンの上に置くと

鹿肉ロースト赤ワインソース添え

「ジュウジュウ」と焼けるのではなく、「ぷつぷつ」と温まっていくような火加減になります。このように焼くことで、肉の旨味を閉じ込めたまま食中毒や病気を引き起こす細菌やウイルスを死滅させることができます。

プロは"63℃"を感触で調べる

肉の焼き加減はクッキング温度計を刺して調べますが、肉を焼くプロの料理人になると『肉に触わったときの押し返してくる力』でわかると言われています。これは肉に63℃前後の温度がまわると内部の蒸気に

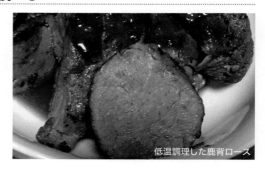
低温調理した鹿背ロース

よって肉が膨らむからで、実際に肉をカットしてみると筋肉の繊維が膨張して、しっとりとしています。ちなみに、火の通りすぎた肉を押すと弾力性が感じられずスカスカで、逆に生焼けだとブヨブヨした生肉の感触が残ります。

「レバー臭い」は血ではなく温度

肉を焼くときに温度を高くしすぎないようにすることは、食感をよくするだけでなく『レバー臭』を防止するためでもあります。肉がレバー臭くなる原因は酸化アラキドン酸という物質で、これは普段は無味無臭で筋肉中に存在しているアラキドン酸が、85℃以上の熱が加わったときに、同じく筋肉中に含まれている鉄分と結合して生成されます。つまりレバー臭さは調理温度を85℃以下にすることで抑えることができます。

レバー臭というと、ベテランハンターさんの多くは「それは血抜きが足りてないから！」と言いますが、レバー臭と血液は関係ありません。実際に血液を料理してもレバーのような臭いはしませんし、生レバーを食べたことがある人はご存知だと思いますが、レバー自体にもあの嫌な臭いはありません。

特にシカ肉はアラキドン酸と鉄分が豊富に含まれているので、シカ肉を焼肉のように「ジュウジュウ」焼くと、すぐにレバー臭くてパサパサした食感の"美味しくない料理"になってしまうので注意しましょう。

肉は"余熱"で焼き上げる

　肉を焼くときは温度と時間に気を付けなければなりませんが、普通のフライパンでは肉表面に火があたるので、芯まで熱が通るころには表面は焼きすぎてしまいます。そこで熱の調整と時間をセットできるオーブンを使って"ロースト"にするのが最適です。

　ローストでは、まず、焼きムラを出さないために肉を冷蔵庫から出して常温に戻しておきます。次に舌ざわりをよくするためにフライパンで表面を軽くあぶり、180℃に予熱したオーブンに入れて肉の膨らみ具合を見ながら時間を調整します。熱が通ってきたのを確認したら、肉をオーブンから取り出してアルミホイルにくるみ、余熱を使って肉の内部までじっくりと温度をかけていきましょう。

オーブンが無い場合の必須アイテム"スキレット"

　自宅にオーブンが無い人は、フライパンのように扱えながらもオーブンの効果を持つスキレットで料理しましょう。スキレットは厚い鉄でできた底の深いフライパンで、直火にかけると容器全体が熱せられ、オーブンに入れたときのよう

鹿背ロースの玉ねぎ焼き

に食材を全方向から加熱します。さらにスキレットは熱の持ちがよいため、火から下ろしても余熱でじっくりと食材を温めることができます。

　その武骨なデザインがジビエ料理の雰囲気にもピッタリなスキレットを使って、あなたもロスティールを目指しましょう！

"炙る"を学ぶ

仔イノシシの丸焼き

　日本語では「焼き」と呼ばれる調理法でも、似て非なる調理法が「炙り」です。炙り料理では熱源を直接当てて料理するため、表面は乾燥してパリっと、中は遠赤外線の効果でふっくらと仕上げることができます。

炙り焼きは串に刺す

　タヌキやアライグマといった中型動物ぐらいなら骨を外して精肉してもよいですが、イタチやタイワンリスといった小動物は、骨を外して精肉すると、一つ一つの肉が小さすぎてローストすることができません。よって小動物は骨が付いた状態で炙り焼きにするのがオススメです。

　炙り焼きでは、モモや背中など比較的肉が厚い部分に3本ほど鉄串を刺して熱源にかけます。これは熱源により肉の表面だけでなく鉄串も一緒に焼かれ、串から伝搬した熱が肉の内部からも温めるようになるためです。BBQやケバブといった料理で鉄串を使うのもおなじ理由です。

　炙り焼きでは表面が乾燥しすぎることを予防するために油分（オリーブオイルやサラダ油でもよいが、できれば動物性の油脂）を塗ります。この油には塩や香辛料を混ぜて焼くと香ばしさが引き立ちます。

炭・薪は熾火で

熱源に炭や薪を使う場合は、『熾火（おきび）』になってから肉を火にかけましょう。炎が立っている状態で肉を焼くと、表面ばかりが焦げてしまい、しかも炭や薪の臭いが強くついてしまいます。ただし、ある程度の炭臭さや薪臭さはジビエの臭みを消す効果があります。

猪もも肉の炭火焼き

燻煙する

火ではなく、煙によって炙る調理方法が燻煙です。燻煙ではサクラやクルミの木片（チップ）を炙り、その煙で肉に香りと防腐作用を付けます。

燻煙（温燻）ではマリネ液で下味をつけた食材を2,

鹿肉の燻製

3日乾燥させて水分を飛ばし、ダンボールやドラム缶で作った燻煙器の中に吊るします。好みの香りになるチップを燻煙器の底において火にかけ、炉内の温度を60℃まで上げて丸一日かけて煙で炙りましょう。燻煙ではチップがくすぶるように熱するのがコツで、チップが燃えてしまうと食材が焦げ臭くなってしまうので注意してください。

燻煙に合うジビエは、ウサギ、テン、イタチといった脂身の少ない赤身で、特にシカ肉はローストなどとはまた違った味わいがあり絶品です。赤身肉の燻製は、しっかりと乾燥させていれば日持ちしますが、イノシシやクマなど脂身の強い燻製は脂が酸化して臭くなるので注意しましょう。

"煮込む"を学ぶ

アライグマの赤ワイン煮

　『煮込み』は食材に味わいや香りを足したり引いたりすることができる化学的な料理です。よって臭みが強く個体差も大きいジビエに対しては、よく利用される料理方法です。

熱を加えて臭みを"引き算"する

　煮込み料理には、食材の臭いを抜くという引き算の効果があります。一言に"臭い"といっても様々な原因物質がありますが、私たちが肉を食べたときに「なんだか臭い」と思う物質はアンモニアやメタンチオール、各種酪酸などの有機化合物で、そのほぼすべては100℃以下の温度で揮発して臭いが消えます。よってジビエを食べたときに感じる『犬小屋っぽい臭さ』や『線香のような臭い』、『小便っぽい刺激臭』といった素材の臭み（これらは腐敗や異物付着などとは関係なく、素材が元から持っている臭い）は長時間煮込むことで、臭みを"風味"にまで落としてやることができます。

　これのよい例がフレンチのジビエ料理において最高峰と名高い『リエーブル・ア・ラ・ロワイヤル（野兎の王室風煮込み）』で、元は臭みが強すぎて食べられないヤブノウサギの肉を三日三晩煮込み続けて"野性味"と感じられるまで臭いを抜いて作られます。

臭みを飛ばすときはフタを開けて煮る

　煮込みで臭いを飛ばす
ためには、必ずフタを開
けて蒸気と一緒に臭い成
分を揮発させます。タヌ
キやアライグマ、キツネ
といった肉の臭みが強い
ジビエは、部屋中が"動物
園のような臭い"になって

キツネ肉の出汁

しまうことがあるので、換気をしっかりするか、野外で調理するとよいで
しょう。

　ただしあまり臭いを気にしすぎて長時間煮込んでしまうと、同時に食材
の風味もなくなってしまいボケた味わいになってしまいます。そこで煮込
みには酒を入れて料理しましょう。アルコールの分子が揮発するのにつら
れて臭いの原因物質も揮発していく『共沸』という現象が起こるので、水
から煮るよりも短い時間で臭いを消すことができます。

ジックリ煮るならストーブのうえが最適

　煮込むときの温度は、高ければ高いほど臭いが早く飛んでいきますが、
焼き料理と同じく食材に熱が入りすぎると肉の組織が壊れてパサパサにな
ってしまいます。そこで火加減は「ぐつぐつ」ではなく、「ぽつぽつ」と鍋
の底から気泡が上がるぐらいの温度で煮込むようにしましょう。

　煮込み料理で最適の調
理器具がストーブです。
天板の上に直接鍋を置く
と火加減が強すぎるので、
"五徳"と呼ばれる足が付
いた鉄製の器具で煮込み
具合を調整します。

食材を混ぜて味を"足し算"する

アナグマすきやき

　煮込み料理には、食材の臭いを引き算するという効果に加え、食材の味を"足し算する"という効果もあります。私たちが舌で感じ取れる味には、前味、中味、後味の3種類が存在します。この中でジビエは後味を強く出す食材なので、調味料と野菜を組み合わせると旨味を大きく引くコクのある料理になります。

　煮込み料理では必ず後味の強い食材から入れていきます。例えばアナグマの肉ですき焼きを作る場合は、まずアナグマの肉をじっくり焼いて油を出していき、次にこの油で野菜類を炒めるようにして熱をかけ、最後に調味料を加えて味を調えていきましょう。煮込み料理では前味が強い食材を先に入れてしまうと風味が消えてしまい、逆に後味の強い食材を最後に入れるとクドイ味になってしまいます。

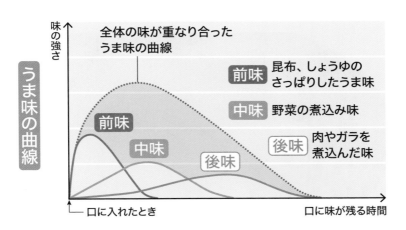

ジビエ・ポロ

炊き込んで食材の旨味を凝縮させる"ジビエ・ポロ"

　煮込みの中でも、材料に煮汁を吸わせて食材の美味さを掛け合わせる料理法が"炊く"です。前味、中味、後味をバランスよく組み合わせた食材を使って、米やパスタ（クスクス）、麺などに煮汁を吸わせると、あますところなく味わいを楽しむことができます。

　ジビエでオススメの炊き料理が、伝統的なウイグル料理の"ポロ（ウイグル風ピラフ）"です。この料理はもともと、羊肉を使う料理ですが、イノシシ肉やアナグマ、ハクビシンといった脂の多いジビエとも相性が抜群です。作り方は簡単で、玉ねぎ、ニンジン、ニンニク、ジビエを骨付きで炒め、塩、クミンシードで味付けをして、お米を投入して炊き込みます。元はお祝いの席で出されるポロを友達のハンターみんなで楽しみましょう！

香辛料を学ぶ

ヌートリアのチリコンカーン

　あなたは料理をしていて香辛料を入れ忘れることはありませんか？おそらく多くの人は、畜産肉を使った料理に香辛料を入れ忘れたとしても気付く人は少ないでしょう。しかしジビエでは素材に臭いやクセが強いため、香辛料の使い方ひとつで料理の風味はまるっきり変わってきます。

香辛料が臭みを消す4つのメカニズム

　香辛料が食材の臭みを抑えるメカニズムは大きく4種類に分けられます。まず1つ目が、ニンニクやネギ、ニラ、玉ネギなどネギ属の野菜に多い食材で、一緒に熱を加えることで臭い成分を分解する効果を

アライグマ十三香辛焼

持ちます。これらは熱を加えると刺激性のある成分が変化して甘くなるため、そのまま料理の付け合わせにも利用されます。

　2つ目は、パセリやシソ、ミント、生ショウガ、柑橘類などの香味系の食材で、これらは直接臭み成分を分解する効果はありませんが、強く刺激的な香りが食材の臭みをまぎらわします。このタイプは熱を加えると香り成分が消えるものが多いため注意しましょう。

　3つ目は、ターメリック、クローブ、ナツメグ、コリアンダーなどのスパイス系の食材で、これらもパセリやミントと同じように食材の臭み自体を取り除くことはありませんが、独特の強い香りで食材の臭みをまぎらわせることができます。ただし香味系と違う点は"熱を加えると香りが強くなる"ことで、これらのスパイスの多くは炒って使うことで真価を発揮します。また油に香りが溶けやすいため肉料理に最適です。

　4つ目は、ローズマリーやセージ、オレガノ、ローリエなどのハーブ系の食材で、臭い成分を分解するものから、強い香りで紛らわせるものまで、様々なタイプがあります。これらの特徴としては香り成分が水によく溶けるので、マリネ液に漬けたり、煮込み料理に入れたり、煎じてお茶にしたりします。香りにクセが強いので、使い過ぎたり、食材との相性が悪かったりすると、逆に臭いがきつくなるので注意しましょう。

臭みを取るなら乳製品に漬けるという手も

　スパイスではありませんが、食材の臭みを取りたい場合は牛乳やヨーグルトなどに漬けるのも有効で、乳製品に含まれる脂肪分が、食材の臭み成分を吸着して嗅覚を刺激しないようにする効果があります。

またヨーグルトなどに含まれる乳酸は肉を柔らかくする効果もあるため、ヨーグルトに香辛料や塩を混ぜてマリネ液を作り、そこにジビエを漬けて寝かせることで、ジビエの臭みを抑え、肉質を柔らかくすることができます。

ジビエにオススメのスパイス

種類	風味の特徴
ニンニク	殺菌効果が高く、どんなジビエにも相性がいい。ジビエと一緒にローストすると、香ばしさが出る。
タマネギ	ニンニクと同じく、どんなジビエにも相性がいい。肉に生のすり下ろしたものを漬けて一晩寝かせると、肉質が柔らかくなる。下味をつけて焼いた料理は「シャリアピン」と呼ばれ、シカ肉などの赤身肉とよく合う。
ネギ	独特の青臭さがあるが、脂の多いタヌキやアライグマ、アナグマなどで作る汁物と相性抜群。
シソ	ローストや煮込みには使えないのでソースに混ぜて使う。薄く削ぎ切ったイノシシ肉のしゃぶしゃぶや、肉質があっさりしているウサギ肉とも相性がいい。
ショウガ	生をすり下ろしてソースに混ぜるのもよいが、"ジンジャー"として煮込みに使うのもよい。シカのような赤身の持つ生臭さを緩和するのにも効果的。
コショウ	世界中で最も広く使われているスパイス。さわやかな香りと辛さで、肉の持つ様々な臭みを打ち消す働きがある。マリネ液に加えるときは、実（ホール）を荒く砕いて入れる。
コリアンダー	古代から薬草として知られており、葉は「パクチー」として有名。ひき肉にしたときの広がる臭いを緩和するので、ハンバーグやソーセージに混ぜるとよい。
クミン	強い臭いがあるのでタヌキやアライグマ、ヌートリアなどのクセの強いジビエを煮込にするときに使う。初めに油でよく炒って肉を加えること。
ターメリック	カレーの主要なスパイスの一種。クミンと同じくクセが強いジビエに向く。そのまま振りかけると苦みが強いので、油で炒めて風味をマイルドにする。ただしキッチンがインドカレー屋さんの臭いになる。

シナモン	甘い香りが特徴的で、お菓子にもよく使われる。羊肉のような獣臭の強いジビエの煮込み料理に最適。シカ肉のような赤身肉にもよく合う。
クローブ	クセの少ない畜産肉に使うと、クローブの臭気に風味を持っていかれることがあるが、クセの強いジビエとは相性がよい。テンやイタチを串焼きにするとき、クローブのホールを刺して焼き上げたりする。
スターアニス	甘い香りと苦みがある。中華料理では「八角」と呼ばれるスパイスで、中華風の煮込み料理によく合う。アライグマやハクビシンとの相性がよい。
ナツメグ	甘い香りと、ほろ苦さがあるスパイス。乳製品との相性がよく、ジビエのヨーグルト漬けやレバーペーストに混ぜるとよい。色んな肉を使ったジビエハンバーグにも、とりあえず入れておけばハズレはない。
サンショウ	和食では肉料理自体が少ないので、あまりスパイスを使わないが、山椒は猟師御用達。イノシシやウサギ、タヌキ、アナグマなどの汁物にかけて使う。煮込みにする場合は中華風に、油で炒めてから肉を入れる。
チリ（唐辛子）	香りはほぼないので風味を消すのには向かないが、ピリッとした刺激が味のしつこさを和らげる。脂が強いイノシシやアナグマ、ハクビシンなどと相性がいい。
ローズマリー	「記憶力を高める」と言われる、ツンとした刺激的な香りのハーブ。イノシシやシカの臭みを緩和するのに効果的。ローストにするときは一緒にオーブンに入れて使う。
ローリエ	煮込み料理によく使われるハーブ。甘く優しい香りなので、ジビエのクセを飛ばした後に入れること。
セージ	臭いが強く脂っぽさを抑えるハーブ。少量でもしっかりと香りが付くので、胃や腸といった内臓系料理に最適。「ソーセージ」の語源でもある。

4

猟果を楽しむ

フォン（出汁）を学ぶ

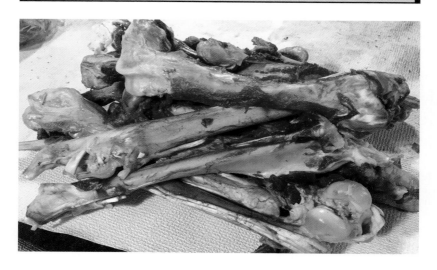

　　イノシシやシカを解体すると大量に出てくる骨。もしあなたがこの骨を
すべて捨てているとしたら、モッタイナイどころの騒ぎではありません！ジ
ビエの骨はフレンチシェフも垂涎で欲しがる、最高の食材なのですから。

濃厚な旨味 "フォン・ド・ジビエ"

　　ジビエ特有の濃厚な後
味は、筋肉自体からよりも
骨のスジや軟骨から多く
出ます。この骨から出るう
まみは、フレンチで『フォ
ン』と呼ばれており、"豚
骨スープ"と"牛テールス
ープ"の味わいが違うよう

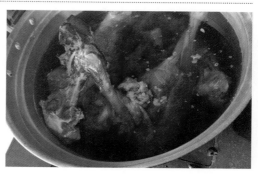

に、動物の種類によってまったく味わいがことなります。中でもイノシシ
やシカなどのジビエのフォンは特に旨味が強く『フォン・ド・ジビエ』と
呼ばれ人気があります。

　　骨からフォンを取るのは簡単で、解体で出た骨をそのまま大鍋に詰めて

水から煮出すだけです。プロのシェフは骨をオーブンで焼いてフォンに香ばしさを加えますが、面倒くさいのであればそのままでも構いません。

　煮続けていると灰汁が大量に浮いてくるので、漉きとってあげましょう。あまり「ぐつぐつ」と煮込むと灰汁が山盛りになって噴き出すので、調理はできればストーブぐらいの火力が最適です。フォンは数時間でできるものではありません。シカ・イノシシ1頭の骨から煮出すとなれば、2, 3日は気長に煮込み続けることになります。

旨味の掛け合わせ、"ジビエほうとう"

ジビエほうとう

　スープがしっかりと茶色く濁ったら骨を取り出し、白菜、ニンジン、ゴボウ、シイタケ、そして山梨名物の"ほうとう"を入れて、さらに煮込みます。食材が柔らかくなったら『塩だけ』で味付けしていただきましょう。

　骨を煮込むだけという豪快な料理法なので、初めはマユツバ物に感じられるかと思いますが、そのスープを一口すすれば「こんなに深い旨味がこの世に存在するのかッ！」と思わず声を上げて驚くはずです。

　ジビエの骨からでる出汁は後味だけでなく、血やスジ、軟骨から複雑な旨味成分が溶けだします。よってこのスープに野菜と少々の塩を加えるだけで、旨味のバランスが取れた絶品汁料理になるのです。

骨髄からとる"白フォン"

猪頭骨スープ

　フォンは骨のスジや軟骨からだけでなく、頭骨（脳）や脊柱（骨髄）からも出ます。作り方は途中まではフォン・ド・ジビエと同じで、骨（大腿骨など）と一緒に頭と脊柱を大なべに入れて煮込み、茶色く濁ったフォンを取ったら骨からスジや肉を外して再び煮込みます。このとき骨はハンマーで割って、脳や骨髄がむき出しになるようにしましょう。

　脳や骨髄が溶けだしたスープは白く濁るため"白フォン"と呼ばれます。よく「頭骨スープ」とも呼ばれるこの濃厚なフォンは、博多ラーメンが好きな人にはこたえられない味です。ただし、このスープは臭いがかなり強く好き嫌いが分かれるところなので、煮詰めてペースト状にして少しずつ後味調味料として使われます。

スジ肉も忘れずに！

　出汁を取った後に残る大量の"ダシガラ"の骨。もしあなたがこの骨をすべて捨てているとしたら、おおっ！なんとモッタイナイ！！よく骨を見てください。まだまだ食べられるところが残っているでしょ？

　出汁を取った後に残る骨のスジや軟骨は、手でちぎって分離して"スジ肉"にしましょう。スジは大腿骨の軟骨だけでなく、あばら骨の間や首筋、脊柱の先、アキレス腱などいたるところについているので、余さず回収しましょう。

鹿筋煮込み

　スジ肉は醤油や砂糖でしっかりと味付けをしたスジ煮込みや、串に刺しておでんの材料にしてもよいです。保存が効くので真空パックにして冷凍しておいてもよいでしょう。

保存食を学ぶ

鹿端肉のコンフィ

　背ロースや内モモ肉といった"肉の花形"については、多くの人がロース
トや煮込み料理といった定番のレシピでジビエ料理を楽しまれるはずです。
しかし扱いに困るのが、スネ肉やあばら肉、外モモ肉といった"肉の脇役"
や、解体時やトリミングのさいに切り取られた"端肉"と呼ばれる肉たちで
す。どうしてもミンチになってしがちなこのような部位も、保存食にして
おけば1年中ジビエを楽しむことができます。

保存食の定番"端肉のコンフィ"

　料理に困った肉や端肉
は、すべて塩を振ってペッ
トシートなどの吸水性のよ
い布にくるんで1日ほど寝
かせます。よく水気が落ち
たら、手ごろな大きさにカ
ットして鍋に敷き詰め、オ
リーブオイルをひたひたに
なるまで注ぎましょう。

　スパイスは好みでかまいませんが、できるだけホール（実）で使うようにしましょう。鍋を火にかけ「ぐつぐつ」となりだす寸前に火を緩めて、温めるようにして肉に熱を通していきます。

　この料理方法は"コンフィ（油煮）"と呼ばれ、油に漬けて酸化や腐敗を遅らせる保存食、いうなればシーチキンです。できたコンフィは容器に詰めて保管しておけば、冷蔵庫なら3か月、冷凍なら1年は余裕でもちます。そのままワインのおつまみにもいいですが、パンやパスタと合わせても美味しく食べられます。

塩蔵熟成で作る"アイスバイン"

鹿すね肉のアイスバイン

　肉質が固く料理しにくい骨付きのスネ肉は、岩塩とスパイスをしっかりと揉みこんでペットシートにくるみ、シートの交換を挟みながら1カ月以上塩蔵熟成させましょう。このスネ肉を香味野菜と共に数時間茹でて作ったのがドイツの家庭料理として有名なアイスバインです。

　塩蔵熟成をさせた肉は肉質が柔らかくなり、さらに旨味が凝縮します。骨付きすね肉以外でも、あばら骨を付けたバラ肉（スペアリブ）を塩蔵熟成させたパンチェッタも、花形の肉料理に勝るとも劣らない素晴らしい料理です。

内臓料理を学ぶ

鹿腸のトマト煮

　ジビエといえば美味しいお肉。ロースト、煮込み、揚げ物、コンフィなど、様々な楽しみかたがあなたを待っています！・・・しかし、ジビエをお肉だけだと思っているうちは、あなたもまだまだ序の口。ジビエの真の魅力は内臓系に隠されています。

当たりはずれの少ない“心臓”

　ジビエは年齢や性別によって味に個体差が強く、場合によっては料理法がかなり限定される場合もありますが、心臓（ハツ）は個体によって味わいが変わることは、ほぼありま

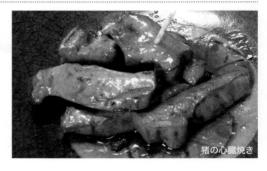

猪の心臓焼き

せん。心臓の下処理は簡単で、二つに割って中に溜まっている血を取り除くだけです。あとはスライスして焼けば、焼き鳥でもおなじみのハツの味わいを楽しむことができます。

熱を入れすぎないことがコツ"肝臓"

肝臓（レバー）はアラキ
ドン酸と鉄分が多い部位
なので、85℃以上の熱を
加えるとレバー臭が出ま
す。そこでレバーを調理す
るさいは水から火にかけ、
沸騰する寸前で火を止め
て余熱で温めるようにしま

しょう。熱の入り方がちょうどいいレバーは、断面がピンク色をしており、
嫌な臭いもありません。

ジビエのレバーは牛・豚
よりも味が濃いので、その
まま食べるのは好き嫌い
が分かれます。そこで熱を
入れたレバーに、生クリー
ム大さじ2と岩塩、ナツメ
グなどの香辛料を入れて
フードプロセッサーにかけ、

レバーペーストにしてみましょう。

ジビエのレバーペースト
は保存料が入っていない
ため非常に傷みやすいで
す。よってすぐに使わない
のであれば、容器に小分け
して冷凍保存しましょう。

鹿レバーペースト

4

猟果を楽しむ

処理が大変だが驚くほど美味い"胃腸"

シカは反芻動物なので、胃袋は牛と同じく4つあり、それぞれミノ、ハチノス、センマイ、ギアラになります。ただしシカはウシよりも胃袋が小さいので、食べ分けるとしたら、センマイとハチノスの2種類になり

鹿のセンマイ刺し

ます。胃袋は、ある程度綺麗に内容物を洗い流したら、2，3回ゆでこぼします。センマイとハチノスの表面のヒダヒダは、ゆでると剥くことができますが、あまり神経質に取らなくても構いません。火を通せば食中毒のリスクもありませんし、草食動物のシカの内容物は強いイグサの香りなので、風味と思って楽しみましょう。

センマイやハチノスは"トリッパ"などの煮込み料理もいいですし、細く切って酢味噌で食べるのも一興です。イノシシの胃袋（ガツ）も同様な方法で料理できますが、胃液で手があれるので必ず手袋を着けて処理しましょう。

腸の処理も胃袋と同様で、縦に裂いて内容物を洗い流し、2，3回ゆでこぼします。いっけん大量に思える腸も、茹でると10分の1ぐらい縮むので、冷凍保存しておいてもよいでしょう。

胃腸の処理は真冬の水仕事になるので大変ですが、実は"もっとも旨味が強い"部位です。特にイノシシの腸は「肉はいらないけど腸だけは欲しい（から、新入りが処理しとけ！）。」というベテランハンターさんも多くいるほどです。

固定観念が覆される"血"

鹿の血ソーセージ

　日本人の多くは「血を食べる」と聞くと、吸血鬼を見たかのごとく嫌がりますが、世界的にみるとブラッドソーセージやサングイナッチョ（血のチョコレート）、ブラッドソース、血入りの酒など、血液を食材に使うのは、わりとあります。よって、ジビエにおいても止め刺しのさいに出た血を容器に詰めたり、胸腔内に溜まった血だまりを使ったりして、血の料理を作ることができます。

　血液は、心臓や腎臓などのコマ切れと共に腸詰にした"アンドゥイエット"がオススメですが、日本人の口に合うのは、ひき肉に混ぜたハンバーグでしょう。料理に血を混ぜると旨味とコクが増し、ケーキのスポンジのようなモサモサした食感になります。

　血の味はジビエによって変わりますが、シカの血はほのかに甘く、牧草のような香りがします。ただし血液は痛みやすく、時間がたつとすぐに血なまぐさくなるので注意してください。

毛皮なめし

狩猟は、ジビエを得るだけでなく、その美しい毛皮を得ることも魅力です。特にわな猟では銃猟のように弾丸が毛皮を傷つけることがないため、毛皮なめしに挑戦したい人には最適な猟法です。

ミョウバンなめし

　生の状態の毛皮を腐らないように加工する"なめし"には、クロムなめしや植物性タンニンなめし、獲物自身の脳みそを使った脳漿なめしなど、様々な方法がありますが、ここでは一般的に手に入るミョウバンを使った『ミョウバンなめし』の方法について解説をします。

細胞をアルミニウムで収縮させるなめし方

　ミョウバンは、煮物料理において肉や魚の煮崩れを防止する食品添加物としてや、皮膚に塗って毛穴を収縮させて汗の量を抑える制汗剤・化粧水として使われています。これはミョウバン（硫酸カリウムアルミニウム）と

塩（ナトリウム）が反応した生成された塩化アルミニウムという物質が、タンパク質を収縮（収れん）させるという効果を持っているためです。

この『タンパク質を収れんさせる』という塩化アルミニウムの効果を利用して、生の毛皮を腐らせないようにするのがミョウバンなめしです。ミョウバンなめしは、薬剤であるミョウバンと食塩が手に入りやすいことや、家庭で使っても安全性が高いことから、趣味ハンターの毛皮なめしでよく行われている方法です。

ちなみに、ミョウバンと同じようにタンパク質を収れんさせる作用がある"柿渋"などの植物性タンニン（ポリフェノール）を使っても、似たような方法で毛皮をなめすことができます。

毛皮なめしは鮮度が重要

毛皮は少しでも痛みがあると脱毛が激しくなります。よって毛皮をなめしたいのであれば、解体後すぐに生皮を"塩漬け"するようにしましょう。塩漬けをした状態であれば、冬場なら3，4日、冷凍しておけば半年以上、持たせることができます。

ミョウバンなめしの作業は下の表のように、裏打ち、脱脂、薬液付け、板打ち、そして仕上げの5つの工程で行います。

	工程	概要
解体作業	止め刺し	可能な限り毛皮を傷つけないように行う。
	洗浄	泥や血を洗い流す。殺虫剤でダニを殺す。
	皮剥ぎ	懸吊してひっぱり、筋膜を剥がしていく。ナイフを皮に当てて穴を開けないように注意する。
	塩漬け	肉面を塩で〆て脱毛を防止し、肉を固化する。
なめし作業	裏打ち	毛皮に付いている脂肪や筋肉をナイフで削り取る。
	脱脂	弱酸性の洗剤で毛皮の油を抜く。
	薬液漬け	ミョウバン溶液に1〜2週間ほど漬ける。
	板打ち	毛皮が縮まないようにしながら1週間ほど乾燥させる。
	仕上げ	ミンク油などで油分を与え、毛並みをブラッシングする。

－ 391 －

ミョウバンなめしに必要な道具

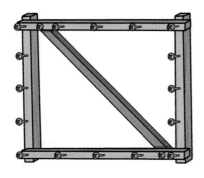

枠にビスを打ち込んで
裏にハリを付ける

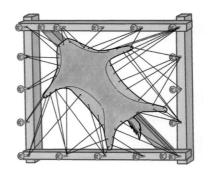

毛皮は銀面を表にして
ゴムひもで引っ張る

　毛皮なめしでは、一般的に板に打ち付けた状態で乾燥させますが、イノシシやシカのような大型獣の毛皮をなめす場合は、角材を組み合わせて干し台を作っておきましょう。

道具はホームセンターや100円ショップでそろえる

　毛皮なめしでは専用ナイフの『せん刀』や、専用作業台の『かまぼこ台（フレッシュビーム）』が使われますが、ホームセンターや100円ショップに売られている物で代用できるものを探しましょう。ナイフは、皮を傷つ

せん刀

かまぼこ台

けないようになるべく切れ味が“悪い”物の方がよいので、金ヘラや刃を落としたスキナーナイフを用意しましょう。

	道具の例	概要
刃物	金ヘラ（orスキナーナイフ）	ペンキ剥がし用の金ヘラ。ナイフの場合はシャープナで刃を落とす。
容器	バケツ	毛皮が入る大きさの物。シカやイノシシのような大型毛皮の場合は深めのRVボックスがオススメ。
なめし台	塗装コンパネ板	毛皮が乗る大きさで、なめし作業ができる板ならどんなものでも可。小動物をなめす場合は打ち付け板兼用。
	塩ビ管	φ20cm程度のもの。耳など肉を削る用なので、曲面があれば何でもいい。
板打ち	タッカー&針	工作用ホッチキス。本格的な物は1,000円ぐらいするが、100円ショップでも売っている。（小型毛皮用）
	角材	6×6cm、2m角材。（大型毛皮用）
	コーススレッド	長さ25mmの半ネジタイプ。（大型毛皮用）
	ゴムひも	髪留めゴムのような細いもの。（大型毛皮用）
薬液	塩	普通の食塩。大量に使うので安い物でよい。
	焼きミョウバン	食用などに使われるミョウバン。ドラッグストアやスーパーよりも、ネット通販で買った方が安い。
	洗剤	中性洗剤。できれば弱酸性のもの。アルカリ性のものは不可。
	重曹	白皮（毛を抜いた皮）を作る場合。
仕上げ	ミンクオイル	毛皮を柔らかくするための油脂。ひまし油や椿油など不乾性油でもよい。
	紙やすり	中目と細目の2枚。軽石でもOK。
	ブラシ	洋服のブラッシング用。

4 猟果を楽しむ

塩漬け

　毛皮なめしをする場合は、皮に穴を開けないように慎重に作業をしましょう。初心者がナイフを皮に直接当てて作業をすると100％穴を開けてしまうので、吊り下げた状態で下にテンションをかけながら刃先で筋膜をなぞるようにして剥がしていきます。

毛皮はすぐに塩蔵する

　生皮は含まれている水分を取り除いて腐敗を防止し、さらに肉と脂を固くして取り除きやすくするために、解体後すぐに毛皮の内側（銀面）に食塩をたっぷりとすりこみ、新聞紙やペットシートなどに巻いて2，3日保管します。毛皮もジビエと同じで水分が付着したままだとすぐに腐敗してしまうため、水分が表面に付いたままにならないように、小まめにシートを交換しましょう。なお、痛んだ毛皮をなめしても、脱毛がひどいばかりか、湿度が高い夏場になると腐敗臭を発します。

　塩を揉みこんで、ある程度脱水した状態であれば、冷凍庫で半年以上は保存できます。猟期中急がしい場合は毛皮を冷凍しておき、春先になってからなめし作業をするのもよいでしょう。ただしなめし作業は暑すぎると毛皮が腐りやすくなるので、夏場は避けた方がよいです。

裏打ち

　生皮の脱水ができたら、次に付着している脂肪や肉をそぎ落としていきます。金ヘラや切れ味を落としたスキナーナイフを使って、銀面をゴシゴシこすりましょう。毛皮は滑りやすいので、解体時に使った前掛けを着用して、台の端とお腹に挟んで固定するとやりやすいです。

削りにくいところは曲面を使う

　頭や足先も一緒になめす場合は、塩ビ管などの棒に生皮を引っかけて、曲面を上手く利用して裏打ちします。このとき、下あごは真ん中で切断して、耳先や鼻先の軟骨、つま先の骨もしっかり取り除きましょう。

　裏打ち作業は、あとからある程度ならキャッチアップができますが、できるだけこの工程でしっかりと削ぎ取るようにしましょう。

脱脂（白皮の場合は脱毛）

　裏打ち作業がある程度進んだら洗剤をかけて油分を抜きます。油は毛穴に溜まっているので、裏打ちと同じ要領で金ヘラやナイフで押し出します。特にイノシシの皮は油脂が大量に含まれているので、しっかりと絞り出しましょう。

できれば弱酸性洗剤で、アルカリ性はNG

　ミョウバンなめしでは毛皮が酸性に近い方が薬液の浸透が早くなるので、中性洗剤よりは弱酸性のタイプがオススメです。洗剤にはアルカリ性のものもありますが、毛が抜けてしまうため、毛皮なめしには厳禁です。

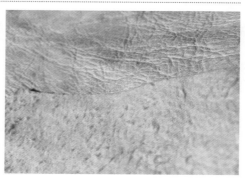

　ただし、セーム皮のような"白皮"を作りたい場合は重曹（アルカリ性）を使いましょう。重曹を溶いた水に毛皮を半日ほどつけておくと毛がズルズル抜けていきます。

液付け

　焼きミョウバンと塩、水を鍋に入れて火にかけて、生ミョウバン（塩化アルミニウム6水和物）を作ります。洗剤を洗い流した毛皮をバケツなどの容器に入れて、40℃ぐらいのぬるま湯をひたひたにそそぎ、生ミョウバンを流し込みましょう。

直付けでもできるが、皮が固くなる

　薬液の分量比は、ぬるま湯：焼きミョウバン：塩＝10：2：1ぐらいを目安にします。生皮に漬ける薬液の比率は、濃いほどなめしが早く進みますが、皮質は固くなってしまいます。水で薄めずに生ミョウバンを

直付けすると、太鼓の皮のようにパリパリになります。逆に濃度が薄いと柔らかく仕上がりますが、気温が高いと腐敗しやすくなるので注意しましょう。

板打ち

　薬液に漬けた皮の水気をよく切り、板にタッカーで打ち付けます。毛皮は一か所を止めたら対角側を十分に伸ばして打ち付けていきましょう。耳はピンポン玉のような球を入れて張るようにします。

　乾燥が進んでくると毛皮は和紙のようになっていきます。このとき、残った脂肪層が浮き出てくるためナイフで削りましょう。なめした毛皮は、よほど刃を立てないかぎり皮は破れないので、ゴシゴシと力を入れて削っても大丈夫です。

大型の場合

　大型の毛皮で板に打ち付けられない場合は、皮の端をパンチやキリで小さな穴を開け、枠から付き出ているネジにゴムひもを引っかけて伸ばしていきます。ゴムのひっかけ方は板に打ち付ける場合と同じように、対角になるように引っ張っていきましょう。

仕上げ

　乾燥し終わったら針やゴムを抜きます。毛には塩やミョウバンの塊が引っついているので、しっかりとブラッシングしていきます。毛皮の端っこに"バリ"が出ている場合は、ナイフで削って成型しましょう。

油脂を揉みこむ

　洗剤によって油を抜かれた毛皮は、しばらくたつと乾燥して割れてしまいます。そこでミンクオイルやヒマシ油などの油分を毛皮にしっかりと揉み込んでいきます。

　自分でなめした毛皮に限らず、皮製品は定期的に油を揉み、防虫スプレーをかけなければいけません。あなたと獲物との思い出が長く残るように、大切にメンテナンスしてあげましょう。

スカルトロフィー

狩猟で手に入れられるマテリアルには毛皮や羽がありますが、忘れてはいけないのが骨です。その奇妙ながらも不思議な魅力を持つ骨を使って、この世に一つだけしかないあなたのスカルを作りましょう。

スカルトロフィーの作り方

　獲物の頭蓋骨を使って作るスカルは、狩猟のトロフィー（記念品）だけでなく、家族を厄災から守るタリスマン（お守り）としても人気の工芸品です。スカルの制作方法はいくつかありますが、ここでは茹でて作る方法を解説します。

『土に埋める方法』と『虫に食わせる方法』

　スカルを作成する方法で一番簡単なのは土に埋めておくことです。頭部を1年近く土に埋めておけば、微生物が分解してくれるのでスカルが出来上がります。ただし、山に埋めておくとタヌキやアライグマが掘り返して持って行ってしまうので、自宅の庭などに埋めておきましょう。なお、埋める方法は色素が沈着して浅黒くなってしまうという欠点があります。

スカル制作には、シデムシ
やウジ虫を使う方法もありま
す。これは肉がついたままの
頭にシデムシやウジ虫を放ち、
虫が逃げないように網を張っ
ておき、食べるところがなく
なり虫が餓死するまで数カ月

ほど放置すれば出来上がります。この方法であれば綺麗なスカルになりま
すが、腐臭と"見た目"の対策は十分にしておきましょう。

『茹でる方法』なら短時間で綺麗にできる

　ハンターの間でもっとも一般的なスカル制作として行われているのが茹
でる方法です。この方法では家庭でも油汚れを綺麗にするために用いられ
る重曹（炭酸水素ナトリウム）を使って、比較的早くスカルを作ることが
できます。

　本節ではシカのスカル制作を例に解説を行いますが、他の動物の頭骨で
も同じ方法で処理が可能です。ただし、イノシシやクマ、タヌキ、アナグ
マなど骨に油が多く染み込んでいる動物の頭骨は、しっかりと脱脂をしな
いと夏場に酷い"生ごみ臭"を発するので注意しましょう。

工程	概要
肉削ぎ	頭部の皮を剥ぎ、肉をある程度そぎ落とす。
下茹で	重曹を入れて煮込み、肉を融解させる。
掃除	脳など骨の中に入っている組織を掻き出す。
本茹で	重曹を入れてさらに煮込み、細かな神経などを除去する。 骨から油分がしっかり落ちるまで、茹でと掃除を繰り返し2，3回行う。
漂白	脂が強い頭蓋骨の場合は、漂白剤を入れて油抜きする。
仕上げ	茹でるさいに抜け落ちた骨や歯を接着剤でくっつける。

スカルの制作に必要な道具

　茹でてスカルを制作する場合は次の道具を用意しましょう。茹でる道具はカセットコンロやキッチンのガス台でも構いませんが、長時間煮込まないといけないので燃料費が結構かかります。

	道具の例	概要
工作用道具	ケーパナイフ	肉をある程度そぎ落とせるもの。細くて小さいナイフの方が使い勝手がいい。
	耳かき	頭蓋骨の隙間から骨髄を掻き出せるもの。100円ショップで売っている2本100円の木製耳かきでOK。高圧洗浄機があれば便利。
	洗車用ブラシ	スカルを磨くための硬めのブラシ。
薬剤	重曹（セスキ炭酸ソーダなど）	掃除用として売られている重曹。食品添加物（ベーキングパウダー）では脱脂能力が弱い。
茹でるための道具	一斗缶（or 寸胴鍋）	18リットル入る角型の金属製容器。塗料や業務用調味料の入れ物にされている。新品を買うと1,000円以上するので、工房や飲食店で使用済みのものを譲ってもらうとよい。
	カセットコンロ	野外で煮る場合。カートリッジは4, 5本ほど必要。
	耐火レンガ	野外にかまどを作る場合に使用する。
	薪	燃やせるならどんな木でもかまわないが、なるべく火の持ちがよい物。
	五徳	一斗缶を乗せて火にかけられる大きさの物。鉄筋でも代用可。
仕上げ	塩素系漂白剤	脂の強い骨の仕上げ用。
	瞬間接着剤	抜けた歯や骨を接着する。一般的に売られている物で十分。
	油性絵具	塗装をする場合、下地に『ジェッソ』を塗るとよい。

ロケットストーブを作ってみよう

火種を入れて炉内の
温度を上げると、
上昇気流が発生する。

燃料を差し込むと
空気と一緒に燃焼
ガスが吸い込まれ
て、炉内で二次燃焼
する。

　スカルの制作では、丸1、2日茹でないといけないので、耐火レンガを使って庭にかまどを作るのがオススメです。しかし普通のかまどでは、火力を維持するために細い薪を何度も投入しないといけないので面倒です。そこで自動的に薪を焼いてくれる『ロケットストーブ』と呼ばれる構造のかまどを作成しましょう。

　ロケットストーブは、しっかりと密閉した構造で、L字型になっているかまどです。この炉内に火を入れて熱すると、上昇気流が発生して焚口から空気が入ってきます。すると焚口に入れておいた薪から出

た燃焼ガスが吸い込まれるので、炉内で空気と結合して二次燃焼します。ロケットストーブ構造のかまどでも、もちろん薪をくべる作業は必要ですが、太くて長い薪を焚口に突っ込んでおくことができるので、火持ちは格段に良くなります。耐火レンガを積んだだけでは気密性が低いので、隙間に土を詰めるなどの工夫をしましょう。上手く上昇気流が発生すれば、「ゴー！」というロケットのような音がします。

肉削ぎ

　解体した頭部は皮を剥ぎ、肉や脂をできる限り削ぎ取ります。オスジカの場合は作業がしやすいように角をロープで縛り、吊り下げておくと作業がしやすいです。

舌を取る

　頭部には舌が収まっているので取り除きましょう。まず、鼻を上に向けて、あごの先にナイフの刃を入れます。そのまま首の方向へ切っていきます。のどの奥までしっかりと刃を

ナイフの刃をアゴの骨に沿うように入れて三角に切っていく。

切れ目を持って下を引き抜く。舌はタンとして食材にしても◎

入れてVの字状に切り込みを入れたら、舌を手で持って引き抜きましょう。舌は表面をたわしなどで綺麗に磨けばタンとして食用にできます。タン表面の皮は、食感が気になるようであれば削ぎ取りましょう。

　また、ホホには固い肉が付いているのでそぎ落としておきましょう。肉質が締まって旨味があるので、煮込み料理などによく合います。

茹でる

　肉をある程度そぎ落としたら、一斗缶に頭部を入れて水をひたひたになるまでそそぎ、重曹やセスキ炭酸ソーダを大さじ4入れて火にかけます。もし、頭骨スープを作りたいのであれば何も入れなくてもかまいません。

溶けた肉をブラシでこすり落とす

　長時間煮続けていると、肉や脂肪は溶けていきます。茹でている途中で何度か引き上げて、硬いブラシで表面の溶けた肉や脂を払い落としてやりましょう。

　火力は高ければ高いほど肉が溶けやすくなるので、水をつぎ足ししながらガンガン炊いていきましょう。半日以上煮込んでいると、眼球や脳の大部分も溶けてなくなります。

清掃と仕上げ

　脳や眼球が溶けてきたら、耳かきなどの細い棒を使って、細い神経を掃除しましょう。神経は目の裏や耳の中などにも通っているので、かき回して引き抜きます。この掃除と茹でる作業を、骨の表面からペタペタした油っぽさがなくなるまで2,3回繰り返しましょう。

仕上げに漂白剤を入れる

　イノシシやタヌキのような骨に油分が多い骨は、最後に塩素系漂白剤に漬けて脱脂しましょう。あまり長く漬けすぎるとボロボロになってしまうので、2,3時間ぐらいを目安に

沸騰したお湯の中に塩素系漂白剤をキャップ1,2杯入れる

塩素ガスが発生するので必ず野外で行うこと。

してください。また、熱湯に漂白剤を入れると有毒な塩素ガスが発生する可能性があるので、必ず野外で行うようにしましょう。

中掃除と仕上げ

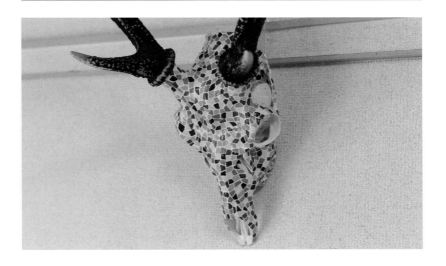

　出来上がったスカルは、軽くやすりをかけたりして仕上げを行いましょう。鹿スカルを壁掛けにしたい場合は、下あごを取って板に針金で固定するとよいでしょう。また色を付けたい場合は、ジェッソと呼ばれる下地塗料を塗った上から、油性塗料で模様を描きましょう。

抜けた歯や骨は接着する

　シカのスカルの場合は鼻の先の骨が取れやすいので、接着剤で修正してあげましょう。また、歯が抜けた場合も同様に接着します。抜けた歯がどこに入るかわからなくならないように、事前に歯並びの写真をとっておくとよいでしょう。

散弾銃猟の世界へようこそ！

ところで、わなを掛けるようになってから畑の被害ってなくなったんですか？

被害は少なくなったけど、根本的な解決ではないからなぁ。

？

奥山・高山地帯　　　里山　　　農業地帯　都市部

野生動物のテリトリー　　　　　　　　　人間のテリトリー

拮抗

わなは人間のテリトリーに侵入してきた野生動物を捕まえる『自衛手段』だ。

根本的に対策をするなら、里山を再生したり農業地帯を活性化しないとな。

里山再生　農業復興　地域創生

じゃあ、狩猟はあまり意味がないんですね…。

ブローー″

そんなことはないぞ。銃と猟犬が生み出す『猟圧』は野生動物に人間のテリトリーを知らしめる重要な拮抗力だ。

BOW!　BANG!

有害鳥獣対策は、わなと銃、猟犬の"三位一体"で取り組まないと難しいんですね。

ブロロッ…

今日はポイントBから山を競るぞ。ドッグマーカーの準備を！

りょ、了解ッス！

SEE YOU IN THE NEXT HUNTING WORLD

あとがき

皆様、こんにちは。

　この本の技術的な監修を行いました、オーエスピー商会の日和佐と申します。

　この本を手に取られた方はおそらく、これからわな猟を始めてみたいとお考えの方だと思います。

　わな猟を始めてみたいとお考えになったのには、それぞれのご事情があると思います。本格的なアウトドア・レジャーとして、また豊穣な山の幸を堪能するため、あるいは深刻な害獣被害にお困りで、わな猟に関心を持たれたのかもしれません。

　いずれのご事情であっても、この本はお役に立つことと思います。

　また、わな猟を既に始めているけれども猟果が今ひとつあがらない、我流でやっているけれども他の人がどうやっているのか知りたい、他の種類のわなについても知ってみたいという方にもお役に立つでしょう。

　当社は大分県から全国の方々に向けてわなの販売を行っております。

　創業当初は"マニア専門"という看板で始めておりましたが、現在は"あなたもマニアに！"という気持ちで新しく猟を始める方にも「いかに正しく効果的にお伝えできるか」に注力し、安さはもちろんの事、信頼頂ける商品と生真面目な社風を一緒にお届けしよう！という思いで頑張っております。

　私達は皆様のお声をいただきながら、製品作りや改善に努めてまいりたいと考えておりますので、今後ともたくさんのご意見を是非お寄せいただきたいと思います。それが私達の活力になり、皆様のお役に立つ商品が生まれ活用され、更に"簡単で安全な安心して"使って頂ける商品が生まれるというスパイラルが・・・そんな事を夢見ております。

　お近くにお越しの際は、ぜひお寄り頂ければと思います。

　この本をお読みになった方々がフィールドでお望みの猟果を得られ、笑顔になられることを祈念し、巻末の言葉とさせていただきます。

2023年2月吉日　オーエスピー商会　日和佐憲厳

●参考文献

『哺乳類のフィールドサイン観察ガイド』熊谷さとし(文一総合出版)

『熟成レシピ』福家 征起(マイナビ)

『SPICES スパイス完全ガイド』(山と渓谷社)

『よさこいジビエ衛生管理ガイドライン』(高知県)

『食肉処理技法』(全国食肉学校)

『狩猟読本』(大日本猟友会)

『カラーアトラス』(厚生労働省)

『おいしいシカ肉生産マニュアル』(一般社団法人エゾシカ協会)

『狩猟生活 Vol.1,2』(地球丸)

『ロープとひもの結び方』(ロープワーク研究会)

『ジビエハンターガイドブック』垣内 忠正、林利栄子

●取材協力

（協力団体）

有限会社オーエスピー商会
株式会社OSP工房
太田製作所
LIFE DESIGN VILLAGE
静岡県農林技術研究森林・林業研究センター
浅草ギ研
鳥猟会

（協力者）

矢野　哲郎
杉　　拓也
河野　竜二
小川　岳人
太田　政信
岸本　裕斗
久保　聡子
勝木　百合子
高梨　愛
児玉　千明
夏井　美和
細貝　和寛
曽田　英介
杉山　諒司
大谷　岳史
伴　　秀光
渡部　郁子
佐藤　一博
菅田　悠介

●イラスト

江頭　大樹
東雲　輝之

Auther

東雲　輝之 (しののめ　てるゆき)　1985年生まれ

福岡県北九州市出身。九州工業大学大学院修了。
エンジニアリング会社に5年勤めた後、
退職して猟師の道を志す。現在は狩猟だけでなく、儲かる農業や
里山復興などの『地方創生』にまでテーマを広げて活動中。
ブログ『孤独のジビエ』管理人、Twitterもやってます。

これから始める人のための
わな猟の教科書［第2版］

発行日　2023年 2月24日　　　　　　第1版第1刷

著　者　東雲　輝之

監　修　日和佐　憲厳

発行者　斉藤　和邦

発行所　株式会社　秀和システム
〒135-0016
東京都江東区東陽2-4-2　新宮ビル2F
Tel 03-6264-3105（販売）Fax 03-6264-3094

印刷所　三松堂印刷株式会社　　　　　Printed in Japan

ISBN978-4-7980-6960-9 C0076